Environmental Design Sketching
and Rendering Techniques

吴传景　严谧莞　编著

莫林兵　审

环境艺术设计手绘效果图表现

化学工业出版社
·北京·

内容简介

本书以手绘表现技法训练为主线，融理论与技法、技法与应用为一体，系统讲述了环境设计效果图表现技法的基本理论、表现基础与训练方法，包括环境设计手绘效果图的基本原理、透视的画法、钢笔速写表现、彩铅表现、马克笔表现、水彩表现、水粉表现、喷绘表现、快题设计表现等，力图使基础教学与专业设计紧密结合，使学习者学以致用。书中配套了教学微视频，微信扫码即可获取。书后还附有环境艺术设计优秀手绘效果图，可供临摹和参考。

本书适合高等院校的环境艺术设计、园林、城市规划等专业教学使用，同时还可以作为园林艺术及美术爱好者的参考读物。

图书在版编目（CIP）数据

环境艺术设计手绘效果图表现/吴传景，严谧莞
编著. —北京：化学工业出版社，2021.7
ISBN 978-7-122-38954-1

Ⅰ.①环…　Ⅱ.①吴…②严…　Ⅲ.①环境设计-
绘画技法-高等学校-教材　Ⅳ.①TU-856

中国版本图书馆CIP数据核字（2021）第069632号

责任编辑：张　阳　　　　　　　　　　装帧设计：王晓宇
责任校对：宋　玮

出版发行：化学工业出版社（北京市东城区青年湖南街13号　邮政编码100011）
印　　装：北京宝隆世纪印刷有限公司
889mm×1194mm　1/16　印张10¾　字数259千字　2021年8月北京第1版第1次印刷

购书咨询：010-64518888　　　　　　　售后服务：010-64518899
网　　址：http://www.cip.com.cn
凡购买本书，如有缺损质量问题，本社销售中心负责调换。

定　　价：59.80元

在我国的教育事业中，高职高专教育一直是高等教育金字塔的基座，在国家经济建设和人才培养战略中占有重要的地位。高职高专教育承担着培养技术型、技能型人才的重要任务，是直接影响国家经济发展的重要因素。面对设计业激烈的市场竞争，加强环境艺术设计企业经营者管理模式的创新，加速培养环境艺术设计专业人才已成为当前亟待解决的问题。为了满足日益增长的环境艺术设计市场的需求，培养社会需要的环境艺术设计专业技能型应用人才，一方面需要将技能型课程系统化，另一方面需要将艺术思维、设计理念等由"虚"到"实"，融入日常的教学与艺术体验中。基于此，本教材由学校与企业合作编写。

环境艺术设计效果图手绘技法的表现优势是快捷、简明、方便，能够随时记录和表达设计师的灵感，是设计师艺术素养与表现技巧综合能力的体现。《环境艺术设计手绘效果图表现》的编写从我国高等职业院校艺术设计教学的需要出发，凝聚了一线教师教学的实践经验，总结了课程改革的成果。

全书共分九章，综合研究与系统讲述了环境艺术设计效果图手绘表现技法的基础理论与训练方法，具体包括环境设计效果图技法的概念、表现思维、特性、基本功、透视法等，环境设计中的钢笔、彩铅、马克笔的使用以及水彩、水粉的渲染，并设有环境设计效果图快题设计训练与优秀手绘作品欣赏等内容。教材是无度之中的"度"，也是教师常年艺术实践和教学经验的凝聚。本书针对环境艺术设计专业学生的基本功训练而编写，理论知识通俗易懂，技法表现由浅入深，图片丰富，突出环境艺术设计类专业的

应用性特点，融艺术、技术、观念、探索于一体，具有结构完整新颖、内容丰富翔实、系统性示范性强、适用面广等特点，能使教与学更高效、更扎实。

本教材由常州工业职业技术学院与太阳旅游发展集团有限公司合作编写，第1～5、10章由常州工业职业技术学院吴传景老师编写，第6～9章由常州工业职业技术学院严谧莞老师编写，全书由太阳旅游集团有限公司设计师莫林兵审核。

限于篇幅、时间及作者的学识水平，书中内容难免有所缺憾，望专业人士及读者朋友予以指正。

吴传景

2021年3月1日

第1章
初识环境艺术设计手绘效果图表现

第2章
透视的画法

**第7章
环境艺术设计效
果图的水粉表现**

**第8章
环境艺术设计效
果图的喷绘表现**

**第9章
快题设计的表现**

**第10章
优秀手绘效果图
欣赏**

参考文献

第 1 章

初识环境艺术设计
手绘效果图表现

环境艺术设计是指对于建筑室内外的空间环境,通过艺术设计的方式进行整合设计的一门实用艺术。环境艺术设计作为现代艺术设计学科中的一部分,其设计艺术风格的形成和变化,同建筑学的关系密不可分。建筑作为整个环境空间的主体,是环境艺术的载体,环境艺术设计的发展变化离不开建筑主体空间。环境艺术是人为创造的,是人类生活艺术化的生存环境空间。

环境艺术是绿色的艺术与科学,是创造和谐与持久的艺术与科学。城市规划、城市设计、建筑设计、室内设计、城雕、壁画、建筑小品等都属于环境艺术范畴。效果图是通过图片等传媒来表达作品所需要以及预期要达到的效果,在当下主要是模拟真实环境的高仿真虚拟图片。从建筑、工业等细分行业来看,效果图的主要功能是将平面的图纸三维化、仿真化,通过高仿真的制作,来检查设计方案的细微瑕疵,或进行项目方案修改的推敲。

环境设计是技术与艺术相结合的系统设计过程,每项任务都在设计师整体构想的指导下,以表现图、文字、数据等形式分别拟定出来。当开展某一方案时,必须将有关的图示、图形和资料详细解读之后,经多方思考,对其信息进行综合处理与表现,从而构建设计方案给人的具体印象。

在这种"构建印象"的过程中,对技术方面的信息,可通过数据和规范程式去把握,而对于艺术效果,如空间与造型关系、整体色调与局部色彩关系、材质与环境协调关系、布光与投影关系、视觉与效果关系等方面往往采用设计表现图的形式进行表达。表现图包括设计预想图(这里称环境设计效果图)和设计制图(又称施工图)两类。这两类表现图的共同之处是以图示形式直观地表达环境设计方案。其不同之处在于,效果图以通过艺术形象传达环境感受为主,设计制图则通过标准尺度强调施工的技术数据(图1-1 ~ 图1-5)。

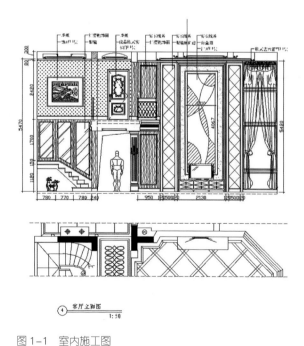

图 1–1 室内施工图

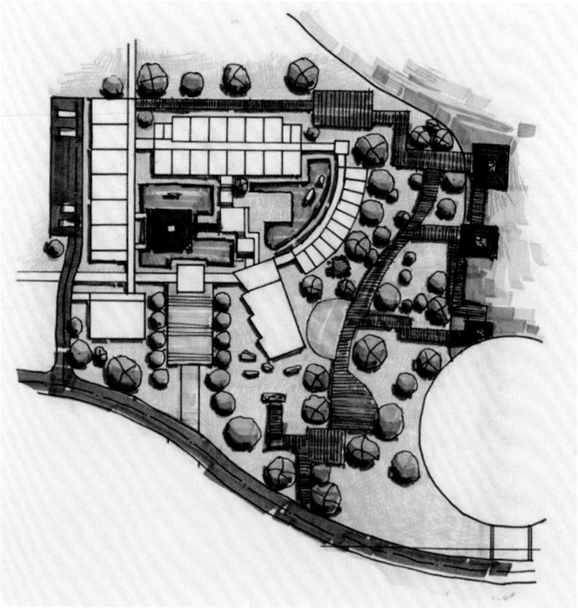

图 1–2 景观施工图

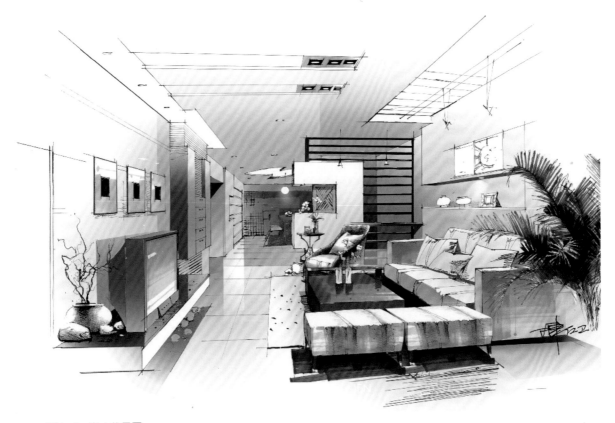

图1-3 室内效果图

图1-4 景观效果图（1）

图1-5 景观效果图（2）

1.1 手绘效果图表现技法概述

概括地讲，效果图表现技法就是能够形象地表达环境设计师意图、构思的表现性绘画及其多种表现手段，是介于一般绘画作品与工程技术绘图的一种绘画形式。

1.1.1 手绘效果图表现技法的概念

这里所指的"环境设计手绘效果图表现技法"限定在建筑与环境设计的过程中，是指除了方案设计图、技术设计图和施工详图等技术性图纸之外，能够形象地表达设计师设计意图和构思的表现性绘画，多种技术与艺术相结合的表现手段也属此列。依仗环境设计手绘效果图在形象上更为直观的信息，设计师可与客户或有关方面进行充分的讨论，或更直观地展示设计过程与设计结果。这种表现的过程是对未来构筑形象或环境设计预想空间的一种预示，同时也是建筑及环境设计师创作思维过程与结果的呈现。环境设计手绘效果图的作品规格，与一般为收集创作素材、训练基本功而进行的写生、构画有所不同，因为效果图作品的创作过程是一种"有计划地预想"的表达过程，因此，如前所述，常常有人将其称为"环境设计预想图""渲染图"或"建筑效果图"。同时，环境设计效果图与建筑和环境设计制图中的平面图、立面图和剖面图也各不相同，效果图的主要特征往往是在平面上通过空间透视表达"三维"效果的画面，因此也有人称之为"环境设计透视图"，它属于建筑绘画的一个重要方面，也是建立在科学和客观地表达空间关系和现代透视学基础之上的一种绘画方法。

根据设计的整体效果和艺术表现特征的需要，表现"形与色"的真切气氛，具备形神兼备的真实感是环境设计效果图追求的更高境界。其特色体现在以下三个方面：

① 专业特色——离不开建筑的专业特点。

② 形象特色——因地制宜地体现室内外建筑环境形象。

③ 表现特色——材质、色彩、光影、透视等构成因素。

1.1.2 手绘效果图的发展和成熟

早在春秋战国时期，人们使用的器具上就出现了建筑的图面形象，但一般都作为背景陪衬角色而存在。汉、魏晋、南北朝、五代以来，壁画中的建筑环境由单体发展到群组，表现方法多为阴阳向背，产生了具有体量的立体效果。北宋年间，中国画中有关建筑的描绘已独立发展为一项专门的画种——"界画"。画家掌握了一定的透视效果的表现技法，创作出《清明上河图》等精湛作品。此时中国的画家已经掌握了相当多的透视知识，但此后的几百年间，中国人的透视理论受文人画的"散点透视"的理论影响很深。明清时代是园林设计的顶峰时期，在理论和实践上都获得了辉煌的成就。明代在元大都太液池基础上建成西苑，扩大西苑水面，增南海。明清时代的私家园林建筑在苏州、杭州、扬州一带蔚然成风。清康熙和乾隆年间的皇家园林以"三山五园"，即万寿山清漪园（后改名颐和园）等最为突出。同时，一批有关建筑环境的绘画应运而生，体现了我国古代的效果图表现技法进入一个辉煌时期（图1-6～图1-10）。

在西方，古罗马的建筑大师维特鲁威在公元前1世纪时就曾提到过用绘画表现建筑形象的问题。而古希腊的哲学家安纳萨格拉斯在公元前5世纪时也曾经阐释过透视现象的原理，此时已萌发了透视画法的雏形。欧洲在意大利文艺复兴运动以后，真正将透视作为一门科学知识来研究，为人类作出了重大贡献。凭借透视学的发现，后世的艺术家、设计师、建筑师们得以在平面上创造逼真、立体的艺术形象。在意大利，从15世纪开始研究的透视法技术创造出画面结构的宽度和深度，使线性图面中所有曲线汇集于唯一的投影

图1-6　有透视感的古代绘画

图1-7　界画

图1-8　古代景观绘画

图1-9　古代建筑群绘画

图1-10　古代园林景观

点。佛罗伦萨人布鲁内莱斯基对科学透视情有独钟，他把研究成果很快推向建筑学的领域。17～18世纪时，已经形成了今天常用的透视作图方法。到了19世纪，布鲁克的线性透视原理完善了现代透视学。从此，透视才得以广泛地运用于建筑、绘画等视觉表现领域（图1-11～图1-15）。

　　水彩渲染画技法在18～19世纪的欧洲达到辉煌。英国、法国、德国等国家的画家和设计师把透视学知识与绘画技法及建筑设计结合在一起，发展成为钢笔、铅笔和水彩

图1-11　精细刻画的建筑局部

图1-12　教堂建筑的空间表现图

图 1-13　以严谨的透视法则
　　　　表现的建筑

图 1-14　精细刻画的室内透
　　　　视图

图 1-15　有严谨透视关系的
　　　　古典建筑

等工具绘制地形画、建筑画、风景画等各类透视图的技法，成果突出的有德拉克洛瓦、透纳、康斯泰布尔、波宁顿等一批大师，大大拓宽了环境设计效果图表现领域（图1-16～图1-18）。

图1-16　水彩表现的大街

图1-17　展示结构和空间的建筑渲染图

图1-18　水彩表现的室内空间

20世纪初，随着欧洲现代主义运动的产生，兴起了以功能主义为特征的现代建筑运动。同时，现代艺术中的表现主义和立体主义绘画风格也在一定程度上影响了建筑与环境设计表现图的风格。现代派的建筑大师中出现了以全新的视角与全新的表现手段来表达建筑设计的新观念。该时期环境建筑表现图的面貌呈现出与现代主义绘画艺术相似的多元性和表现性。

随着计算机辅助设计的广泛运用和新材料、新技术的大量出现，至20世纪80年代，建筑与环境设计表现图出现了日益专门化和职业化的趋势。建筑设计与室内设计在设计方法与表达方式上都出现了许多新的要求和标准。在微机平台上开发的大量辅助设计软件进入建筑设计、环境设计和其他设计领域。计算机辅助设计系统目前已经大量运用诸如Auto CAD、3ds Max等设计软件，可模拟出极为真实的建筑外观和室内外空间景观，甚至能够通过电脑软件中动画技术的运用，以运动的视点和变化的视角观察建筑形象和室内外空间环境，从观念上改变了以往建筑表现图的概念（图1-19、图1-20）。

在高新技术飞速发展的今天，更为重要的是，手工绘制的环境设计效果图在新材料和新技法的运用上也呈现出丰富多样的形态。这种徒手表现技法，灵活地表现出现代空间氛围、景观创新意念和设计师的创造意向。各种新颖而极富表现力的表现风格，使之在众多的表现艺术手法中仍然处于重要的地位（图1-21～图1-23）。

图 1-19　电脑制作的建筑图

图 1-20　电脑制作的室内效果图

图 1-21　快速手绘景观图

图 1-22　快速表现的建筑效果图

图 1-23　手绘室内设计效果图

1.1.3　手绘效果图的作用与要求

　　如前所述，效果图是通过艺术形象表达"感受"的一种手段。当然，设计师仅仅借助感受经验去理解设计是不完整的。因为思维是一种复杂的形式，个体的思维结果也难以一致。环境设计效果图表现的目的就是为了让人们直观地了解设计师的意图，作为客户和服务对象审阅与修正意见的依据。因此，对于视觉形象和审美形式的把握就要求设计师以某种恰当的形式语言，较准确地表现出方案中有关形象的整合关系，表达出环境气氛与真实感，易于被看懂和被人接受，在招标和业务竞争中起到重要作用。

　　环境艺术设计要求设计师必须忠实于设计方案，尽可能准确地反映出设计意图，并尽可能表达出构筑物等材料的色彩与质感。效果图是对设计项目的客观表现，不能像绘画那样过多注重主观随意性，也不能像工程制图那样"循规蹈矩"，应表现出较高的艺术性。因此要把握好两个基本功：正确的透视绘图技能和较强的绘画表现能力。具体要求如下：

　　① 透视准确，结构清晰，陈设比例合理；

　　② 素描关系明确，层次分明，立体感强；

　　③ 空间层次整体感强，界面、进深度变化适当；

　　④ 不同空间环境中的色彩应有鲜明的基调。

1.1.4　手绘效果图的表现思维

从理论上讲，设计表现是在设计方案完成之后进行综合设计的一种表达方式。根据这层含义，设计方案的成败与设计表现无关，而取决于设计本身。但是在实际的操作中，优秀的设计表现效果图不仅能够准确地反映出设计的创意和形式，还能够通过对设计形式和形象的整体感受，特别是对设计空间及形态的体量关系、材质和配色关系的直观视觉感受，有效地把握设计的预想效果。因此，通过效果图的表现，也可对设计方案和项目进行补充、修改与调整。

（1）环境设计手绘效果图的设计表现

艺术形式拙劣的环境设计手绘效果图，不仅不能引起人们对设计方案的兴趣，而且因为对设计意图的某些扭曲，很容易使人对设计创意、目标的合理性产生怀疑，甚至否决。从理论与实践两个角度去认识，我们可以较客观地处理设计与设计表现图之间的关系。设计师在充分而合理地把握与策划设计的各轮环节的前提下，能强化设计表达的形式语言，提高设计图表现技法，形成完整、合理、感染力强的表现效果，从而使设计方案为人们所接受。

设计与设计表现是针对同一目标采用不同方式的操作过程。设计师把设计方案的整体构想分解落实到各个项目计划，以便深入设计，再通过效果图综合表现各项计划中的设计要素，从而表现出整体视觉效果，以便检验和审核设计方案的可行性。设计与设计效果图共同构成了完整的设计方案。

一旦设计师对设计构想过于自信而忽略设计表现，不能给人提供形象化的判断依据，则难以获得人们对设计方案的认同，有损设计目标的实施。但设计的表现效果过于形式化，缺乏创意，也不可能出现好的设计方案，效果图则形同虚设，成为一张废纸。

环境设计手绘效果图作为传达设计形式的语言之一，是以设计中各项目计划为基本依据的形象化图示语言。项目计划界定了效果图的内容与目的。同时，效果图的图示与相应的制图数据成为设计表现的基本参照，也成为设计施工的依据（图1-24 ～图1-26）。

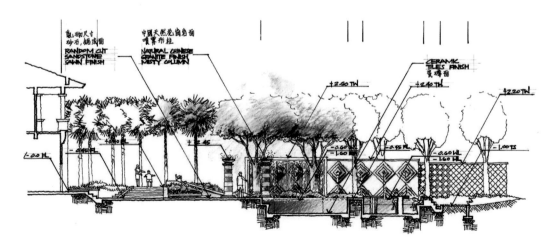

图 1-24　有设计标注的景观效果图

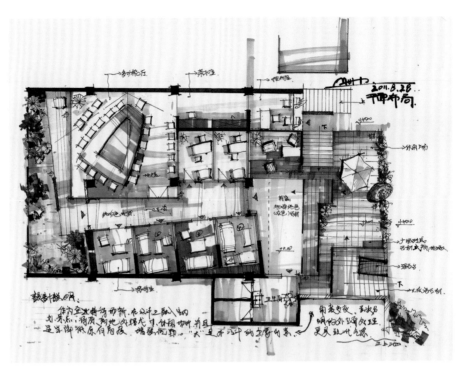

图 1-25 有设计说明的室
内平面图

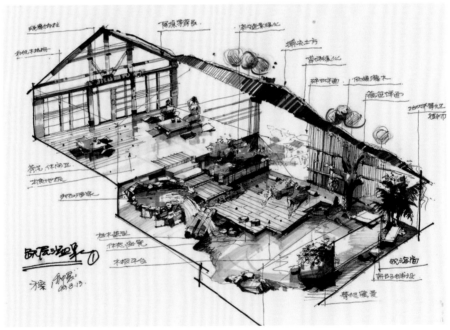

图 1-26 有标注说明的手
绘景观图示

在设计图示符号与效果图表现的图示形象两种语言之间，是否需建立某种关联呢？效
果图通过模拟三维空间表达设计的整体构想，而设计制图则是分项提供的多角度、多图面
的平面视图。怎样才能将平面视图转换为三维视图方式呢？怎样才能将分项目设计组合为
一个整体呢？这一系列问题成为设计表现的基本问题。要解决这些问题，必须先搞清楚设
计表现中应遵循的基本规律和可操作的相应方式，也就是在效果图表现技法中需要把握的
准则。

（2）环境设计手绘效果图的整合思维

设计的过程是先拟定出整体的构想，再把构想分解为各个项目计划，在项目计划中去论证和规划出可行的方案，并通过各项目计划的实施，实现设计的整体构想。而设计效果图表现的是在尚未实施各项目计划时，把握项目计划可能产生的结果，从而表现设计的整合效果。

在效果图中，不仅要严谨地把握各项目计划的特点要求，更要把握各项目计划方向的关系和所构成的完整性和统一性结果。因此，设计表现过程中整合思维方法是十分重要的。环境设计手绘效果图中的整合思维方法是建立在较严密的理性思维和富有联想的形象思维的基础之上的（图1-27、图1-28）。

图1-27 构思严谨的景观效果图

图1-28 有完整性和统一性的城市规划效果图

设计中的各项目计划给出的界定，在效果图中是以理性思维方式去实现其可能性的，如空间的大小、设备的位置、物体的造型、灯光的设置等，都可以按照设计制图中的图示要求作出相应的效果图，运用透视作图的方法将各透视点上的内容形象化。但是，各部分形象的衔接和相互作用却只能以富有联想的形象思维方法去实现，如空间的大小与光的强弱，物体的远近与画面的层次，受光、背光的材质与色彩变化，投影的形状与位置等，都是在考虑各部分形象间的相互作用和影响所产生的整体气氛效果中形成的。这种既有理性数据要求，又有感性想象要求的思维方法，是环境设计效果图中的整合思维的核心。

环境艺术思维的基本素质是什么呢？是对形象敏锐的观察和感受能力，这是一种感性的形象思维，更多地依赖于人脑对于可视形象或图形的空间想象。这种素质的培养，还要有赖于设计师建立起科学的图形分析的思维方式，以此规范为环境设计的特种素质。

1.2 手绘效果图表现技法的特性

环境设计手绘效果图的表现技法有各种形式，有的严谨工整，有的粗放自由，有的单纯明了，有的细腻精巧，有的色调统一，有的材质分明，有的结构清晰，而有的光影强烈等。这些表现形式具有各自的艺术表现个性和强烈的艺术表现效果，它们都刻意集中地反映了设计方案中某些特征或凸显的风格特点，对设计方案的真实性反映虽然不能面面俱到，却将设计的主旨与艺术形式有机结合起来，以此强化设计方案整体效果的真实性。

1.2.1 仿真性

所谓仿真性，就是把设计项目中规定的构筑物、室内外空间、质感、色彩、结构等表现内容进行相当真实的描绘和艺术加工。手绘效果图的表现是环境设计的视觉传达形式，通过徒手的绘画表现，把环境的外部立体形态效果用非常写实、十分精细的手法绘制出来。但是，还必须强调表现的写实性（当然不同于绘画的真实性），实际上是"真切性"，仅仅是忠实地反映设计项目计划给出的内容和条件，并不是我们提出的设计表现真实性的全部内容。如果仅是机械地复制设计方案的内容，缺乏艺术性的处理能力，将会失去设计中许多富于美感的因素，造成表现效果虽然严谨却丢失感染力的结果。

在环境设计的总体方案确定后，对每一个具体细节都需进行完善的构想设计，把整个环境空间及其细节的造型、色彩、结构、工艺和材料表面的质感等方面的成品预想效果充分准确地表现出来，为设计审核、设计制图、设计模型和生产施工提供可靠依据（图1-29～图1-31）。效果图传达的真实性侧重于表现设计的"真切性"，而不是现实的"逼真性"，我们基于此确立了其设计表现应有的自身形式语言——"仿真性"。

图 1-29　有斑驳肌理效果的老墙效果图

图 1-30　精致华丽的逼真效果图

图 1-31　造型、结构和质感均佳的效果图

1.2.2 表现性

　　视觉感知通过手落到纸面称为表现。所谓表现性，是指纸面的图形通过大脑的分析有了新的发现。表现与发现的循环往复，使设计抽象出需要的图形概念，这种概念再被拿到方案设计中去验证，获得进一步意想不到的新境界。抽象与验证的结果在实践中得以运用，成功运用的范例反过来激励设计者的创造情感，从而开始下一轮的创作过程。效果图的设计表现不同于纯绘画。绘画作品追求实现感觉体验的逼真效果，可以投入大量的时间进行形象的深入表达，并体现一种用技能再现生活情景的观赏性价值。而效果图的"仿真性"表现，不是依据设计对象进行完全真实的写照（写生效果），而是对设计方案预想效果的表达和想象表现。把现实生活的体验作为唯一的描绘准则，是费力不讨好的做法，可采用非写实的表现手法进行效果图的表现。

　　环境设计手绘效果图的价值体现在准确把握设计方案的总体效果，以助于人们对设计方案的认同。我们应根据设计方案中既定的内容和条件进行准确而充分的表现。但是，设计方案中各项目计划之间相互作用的整合效果才是设计的最终结果，而在设计方案中对结果是没有给出明确界定的，只能通过理解、想象和艺术的表现手法去实现。

　　出于不同目的的艺术表现，在方法及形式语言表达方式上有很大差别。在设计表现中，设计的风格和个性是设计的灵魂，它集中地反映在整体效果的"意"和"趣"之中。这种"意趣"不是通过逻辑描述能够得到的，而只能付诸于某种艺术形式去体现，并被人们感受。可见，设计表现的真实性不是只孤立地描述形象的结构细节，而应该以恰当的艺术形式去表现那些情节和它们所构成的审美特征。只有形成鲜明的艺术表现风格，才能真实地反映出设计的内涵和特点，才更具艺术的表现力和感染力（图1-32 ~图1-34）。

图1-32　有逼真艺术效果的景观效果图

图1-33　构思巧妙的景观场景

图 1-34　有写意性的室内手绘

1.2.3　便捷性

便捷性，指在效果图的技法表现中，常常采用新型工具与材料快速勾勒出表达设计师意图的形象性图画。与平面制图图示语言相比，效果图的形象语言表达起到一种快速翻译和强化形象的解释作用。设计制图中的图示符号，以它简洁的几何形等描述了设计各方面的企划，是设计构想的图形示意，使受过专业训练的人能够识别，且易读易懂。而效果图将平面的制图符号转换成具有三维和形象化特性的图形，也是设计构想的图形示意。但从这层意义上讲，它又具有一定的绘画性特征，使人能从更多层面去识别，并具有真实感。效果图中图示形象的描述，具有一定的典型性和程式化特性，需把握事物的本质规律，克服过于模仿自然的描述，排除干扰设计主题的不必要细节，以清晰而准确地表述设计的整体构想。制图语言和表现图语言的依据和目的是一致的，都是以设计构想为前提去示意设计结果，但以效果图方式示意设计方案，侧重在便于人们接受（图1-35 ~ 图1-37）。

图 1-35　简单勾勒的景观效果图

图 1-36　构思简洁的室内效果图

图 1-37　清晰准确的景观效果图

1.2.4　启示性

　　启示性，就是为了让客户和服务对象了解设计方案的性能、特色和尺度，在设计效果图中展示方案，并进行相关的注解或说明。启示性，具有成为现实可能性的预示，虽不是现实，但却是对某一具体事物的现实反映，是对现实事物的本质特征和发展规律的应用，同时还有更多创造性的内涵。启示性，还具有一定的启发性，在表现物体的结构、色彩肌理和质感的绘制过程中，可启发设计师产生新的感受和新的思路与思想，从而更完美地完成设计作品。

　　效果图通过启示性表现，产生图解思考。图解思考本身就是一种交流的过程，这种过程也可看作自我交谈，在交谈中作者与设计图相互交流。交流过程涉及纸面的绘制形象、眼、脑和手，这是一个图解思考的循环过程，通过眼、脑、手和绘制四个部分的相互配合，再从纸面到眼睛再到大脑，然后返回纸面的信息循环中，通过对交流环节的信息进行添加、删减、变化，选择理想的构思（图1-38 ~ 图1-40）。

在设计表现中，熟练地掌握和运用效果图技法的艺术语言，在提高作品的表现深度和感染力，增强人们对设计的全面认识，为设计施工提供佐证和依据等方面十分重要。

图 1-38　构思新颖的效果图

图 1-39　表现石头和路面质感的效果图

图 1-40　技法娴熟、质感逼真的室内效果图

1.2.5　徒手表现

　　所谓徒手表现，主要是指凭手工借助于各种绘画工具绘制不同类型的效果图，并对其进行设计分析的思维过程。就环境艺术中任何一项专业设计的整个过程来说，几乎每一个阶段都离不开徒手表现。概念设计阶段的构思草图（空间形象的透视图与功能分析的线框图）、方案设计阶段的草图（室内外设计和园林景观设计中的空间透视图）、施工设计阶段的效果图（装饰图和表现构造的节点详图）等，离开徒手表现进行设计几乎是不可能的。

　　设计者无论在设计的哪个阶段，都要习惯于用笔将自己一闪即逝的想法落实于纸面，培养图形分析思维方式的能力。而在不断的图形绘制过程中，又会触发新的灵感。这是一种大脑思维形象化的外在延伸，完全是个人的一种辅助思维形式。优秀的设计往往就诞生在这种看似纷乱的草图当中。不少初学者喜欢用口头的方式表达自己的设计意图，这样是很难被人理解的。在环境设计领域，徒手表现图形是专业沟通的最佳语汇，因此掌握图形分析思维方式就是设计师的职业素质的一种体现。

　　徒手表现一幅环境设计图时，常使用钢笔、墨水笔、彩色铅笔、马克笔、水彩、水粉或其他多种材料涂抹色彩，产生富有感染力的效果，缩短设计师与服务对象的距离。徒手表现分为精细表现与快速表现两种，它们的区别在于时间的长短和表达的精细程度。精细表现也称慢工表现或细化表现，往往需要花好几天工夫或更长时间，才可把效果图表现得极为精致，如同喷绘，具有强烈的视觉感染力（图1-41～图1-43）。

图1-41　精细表现的钢笔建筑画

图1-42　马克笔与彩铅混合使用的室内效果图

图1-43　逼真的马克笔景观效果图

　　快速表现则是一种即时性、应时性的表现，以较短时间刻画出设计方案的大致效果，具有概括、精炼、速写性的效果，这种方法被设计师们广泛采用（图1-44～图1-46）。

图 1-44　概括性强的速写

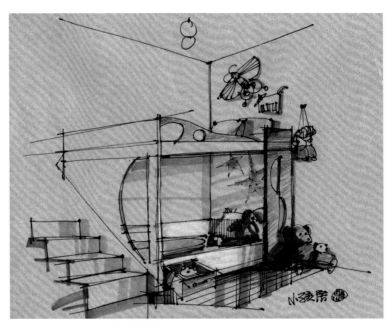

图 1-45　精炼的速写性室内效果图

图 1-46　简洁概括的景观效果图

1.3 手绘效果图表现技法的基本功

在环境艺术设计的全过程中，无论是起初的草图表现，还是方案阶段的预想表现和设计结果终极形象表现，优秀的建筑及环境设计效果图，都充分体现了设计师的设计表现能力与绘画技能等多方面的能力，是综合艺术修养的体现。除了掌握透视与构图能力、素描与速写能力以及运用色彩知识的能力外，还应掌握一定的结构、功能、构造等方面的工程技术知识。

1.3.1 环境空间的透视表现

环境设计效果图中的空间表现技法，依赖于艺术基本功的磨炼。透视画法是一门表现环境空间和驾驭造型艺术本质的最奏效的技术，也是建筑师、设计师体验并把握空间感觉的方法。一般人常认为透视作图很专业、很难学。实际上，任何人只要从基本的方法开始练习并反复应用，便能画好一张环境空间的透视效果图。

专门的透视学课程使我们具备了表现各种场景下透视现象的制图方法，然而在实践中能够融会贯通，以最简捷的方法刻画出特定的空间透视轮廓，并非一日之功。从环境设计效果图的特点来看，常用的透视方法主要有"平行透视"、"成角透视"和"三点透视"等几种。

1.3.2 效果图表现的要求及学习方法

环境设计手绘效果图表现的过程，是在一定的社会环境与经济条件下进行的一种创作活动，这也是一个限定条件。因此，我们在创作中不能采用"纯艺术"的绘画创作方式。"艺术地再现真实"却又意味着效果图创作仍然离不开绘画的基础。

手绘的表现方式对设计者的绘画基本功要求比较高，既要在设计上有其独到之处，也要从艺术欣赏的角度给人以美的感受，这就要求设计者具备较强的素描与色彩的表现能力。作为展示或用于工程投标的环境设计效果图，既要完整、精确、艺术地表达出设计的各个方面，同时又必须具有相当强的艺术感染力。一幅完整的效果图在很大程度上依赖于形象的塑造、色彩的表现和气氛的渲染。

环境效果图的绘制中，色彩的设计尤其重要。设计师首先需要具有良好的色彩感觉和色彩学素养，具备对色彩主色调、冷暖色、明色与暗色、同色系与补色系等各个方向的调控能力，在这个基础上进一步研究色彩在心理反应方面的普遍规律，同时密切关注色彩的流行趋向，有目的、有计划地选择用色，以达到吸引观众、强化环境渲染效果的目的。

环境效果图色彩设计包括两方面的内容：一是环境空间的色彩气氛，二是物体与材质的色彩处理。在表达建筑形象与环境空间的效果图中需要准确地表达出色彩在一定空间形态下的效果。如果仅仅表现出建筑本身的"固有色"是不够的，还需形象地表现出其在特定空间环境中的色彩以及光影效果和环境气氛，这就要学习写生色彩学中有关光源色、环境色、固有色的理论与调配方法，运用色彩构成学中的色彩对比调和的原理，并加以融会贯通。

色彩设计中要贯彻高度概括、惜色如金和理性配置的原则，使配色组合更加合理、巧妙、恰到好处，以形成能够体现环境主题的色调，从表现主题的个性特征出发，把握色彩变化的时尚表征。比如，亮色调适合表现大堂等较为开阔的公共空间；深色调适合表现舞厅、酒吧等光线较暗的娱乐空间；中性色调适合表现居室、客房等较为温和的居住空间；冷色调适合表现办公空间；暖色调适合表现餐厅、商场等气氛较为热烈的公共空间。要研究人们对色彩求新求异的心理规律，打破各种常规的束缚，大胆地探索与创新，以设计出新颖独特的效果图色彩品位，赋予色彩以新的内涵（图1-47～图1-50）。

图1-47 灰色调的室内效果图

图1-48 色调统一的建筑外观图

图 1-49　暖色调的室内效果图

图 1-50　冷暖对比的景观效果

学好环境效果图还必须增强个人的技术与艺术修养。环境效果图表现技法的目的限定了它的表现形式和表现方法。我们必须遵循很高的美学标准，要求它具有一定的欣赏价值，然而这都是建立在环境设计的技术基础之上的。特定建筑空间的设计受到功能、材料和构造形式的制约。因此，建筑的美学标准是一方面受到技术制约，另一方面又随着建筑技术和其他技术的发展而不断变化的标准。而这种建筑美感的表达方式也随着各种技术的发展而不断丰富。因而作为一个环境设计效果图的绘制者，应及时了解相关技术的变化，跟踪新技术成果，这是效果图表现手法赢得市场的重要保证。

此外，一个合格的设计师应具备一定的艺术修养。对于环境设计的各个领域中有关事物发展历史和趋势的了解和认识，不仅有助于提高自身的设计水平，也有助于运用最新的表现手段来表现设计。对其他设计领域中各种知识的了解，是使设计师永远保持职业敏锐性和适应性的关键。随着各类表现技法的不断更新，新的材料和工具的不断涌现，优秀的设计师和建筑表现图画家应该有很强的适应能力，不断尝试新的手段和材料，使自己的作品始终保持新鲜感和时代感。

效果图技法的临习在学习环境效果图中很重要。挑选一些印刷精良、光感强烈的彩色作品图片或精致的白描作品图片，或整体或局部地进行临摹练习，有利于充分理解空间形象、明暗、光影及黑白层次、结构、线条等不同的关系。

（1）线条的表现

线条本身是没有任何意义的，但是赋予形体后就有了生命力。中国书画的线条博大精深，有"入木三分""力透纸背"之说。这就是强调了线条的力度和渗透力。线条主要表现物体的造型和尺度关系以及画面的层次。初学者在练习线条的时候，容易出现线条不流畅，容易呆滞。另外就是轻重把握不到位，下笔会犹豫不决。

要想画好手绘图，首先要用心画。用尺子画线和徒手画线的要求一样。首先就是要把线条画直。徒手画线中的直，是要求感觉上的直。即使刚开始线条画不直，手比较僵硬，只要经过一段时间的认真训练，就会逐步适应。

（2）线描效果图的临摹

徒手线描效果图的临摹与绘制接近于绘画意义上的速写，两者在画面效果处理的要求上是一致的，但又有区别。速写的过程是快速记录自己所见到的或感受到的最为生动的形象的过程，因而比较感性；线描表现图则比较理性，对概括和抽象思维能力的要求更高，它更注重于准确交代空间形体特征，包括比例、尺度、结构等（图1-51、图1-52）。

对于初学者来说，对临摹范本作品本身的分析和研究也是学习的重要环节。尤其对具有相当艺术造诣的大师的作品，细心地揣摩每一处线条的处理，耐心地分析每一幅画面的构成，往往是学习训练的捷径。

线描类表现图的临摹，对于有一定绘画基础的初学者来说比较简单，步骤要求也不严格。初学者将描图纸固定在临摹作品的范本上，便可以从任何一个感兴趣的形体下笔，逐

图 1-51　徒手线描效果图（1）

图 1-52　徒手线描效果图（2）

步扩展深入，直至完成。在这个过程中，要求初学者体会线条的轻重、缓急，用线条对形体之间的来龙去脉做出准确表达，同时能正确运用透视原理来处理画面中不明确的形体。

（3）图片拷贝练习

线描表现图技法训练的图片拷贝练习是上述临摹练习的深入，步骤基本上与临摹练习相同，只是被拷贝的对象通常是选用一些现成的建筑作品的图片（包括摄影）作为范本。在拷贝过程中要求作者对作品作更多地思考、提炼和概括。一般应选用古典建筑或现代建筑中线条特征较明显、建筑形象优美的作品，同时也要求选用的图片构图恰当、明暗分明，以便于辨别图像的轮廓。

这一阶段练习的重点是用比较概括的线条来描绘和表达主体、主要构造与细节等相互关系。在作画的过程中，尤其要注意的是用线条表达主体的实质性的构造，而切忌被图片、照片表面的光影、明暗效果牵制。在线条的运用上要注意疏密对比关系和线条本身的"抑、扬、顿、挫"，以丰富线条的表现力。在表现构造节点等关键部位时尤其要表达清楚前后、转折和穿插关系。在遇到不易表现的立体和空间效果时，也可以辅以点和面等表现手法，丰富画面层次。

图片拷贝练习在初始阶段往往会出现许多问题，如描绘不够准确、线条不够精练、形体交代过于繁复、画面的疏密处理不当等。这些都是在学习过程中常见的现象，初学者不必为追求画面效果而从头开始，应该针对所出现的问题，在第二次、第三次以致多次重复拷贝的过程中，逐步修正。这样的学习方法比一次拷贝出现问题后就转而拷贝另一幅图片更有效。

练习的方法：① 先拷贝出线描稿，然后经过复印处理，得到自己所需尺寸的轮廓稿，或用描图纸对轮廓稿进行再次拷贝，目的在于使画面的空间关系更完整，细节更完善；② 在此基础上再将轮廓稿用拷贝的方法拓印在正稿纸上。一般是将拷贝纸（描图纸）背面用软性铅笔均匀涂黑（轻重程度根据画面调性和采用笔类而定，一般不宜过深），然后用布或软纸将多余的铅笔炭黑擦去，再将拷贝纸固定在正稿纸上，用圆珠笔或硬性的铅笔将拷贝纸上的轮廓稿拓印在正稿纸上。在拓印过程中，要求轮廓稿不能有任何移位，这样就得到了所需的轮廓正稿。

上面介绍的是拷贝拓印的方法，另一种方法是直接在正稿纸上画出轮廓稿。该方法对技术要求较高，初学者经过多次训练，有一定把握后，也可尝试使用（图1-53、图1-54）。

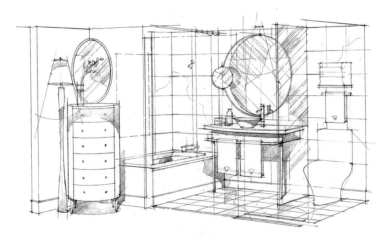

图1-53 线描效果图（1）

图1-54 线描效果图（2）

第 2 章
透视的画法

环境设计中效果图的表现正是运用透视原理在二维平面来表现三维空间的效果。掌握科学的透视法则，对于环境艺术设计效果图来说至关重要。

2.1 透视的基础知识

2.1.1 透视的基本规律

透视图形与真实物体在某些概念方面是不一致的。借用几何学原理观察生活中看到的任何一个物体的形象，使用的方法就是透视，即透而视之。犹如我们透过玻璃看外面，玻璃平面上会呈现出具有透视感的景象。它不仅能在平面的纸上创造出无限深远的三度空间，还能使我们在室内外的写生变得容易而准确。设计创意阶段需要通过立体空间效果图呈现最直观的效果，此时我们需要用透视画法把抽象的平面图和立面图用逼真的效果图表达出来。准确的透视有助于体现空间效果的真实性。无论从哪个角度观察，透视都存在以下规律。

近大远小。这是众所周知的透视规律，在表现运用中也最为频繁和重要。其包含两个内涵，一是等大物体近大远小的体量变化；二是等距物体近大远小的画面"距离"变化。按照正确的透视法绘制时，相同大小的两个立方体，前面的比后面的大；相同长度的两条平行线段，前面的线段长于后面的线段（图2-1）。

图2-1　近大远小

近实远虚。由于空气中的尘埃和水汽等物质会影响物体的明暗和色彩效果，降低清晰度，使景物产生模糊之感。根据这种现象，对近处的物体应加以清晰的光影质感的表现，对远处的物体则减少明暗色彩的对比和细节的刻画。在效果图的表现中通过这种处理可达到增强空间透视的效果（图2-2）。

垂直大倾斜小。在室内设计家具的透视中经常见到此类问题。比如在床的表现中，床的长度实际大于宽度，但在描绘时，由于透视关系显得宽度大于长度。我们知道，环境中

图2-2　近实远虚

图2-3　垂直大倾斜小（1）

图2-4　垂直大倾斜小（2）

最常见的路面，都是很长的，但在效果图中，垂直的房屋、建筑、树木等都显得高大，路面反而短小，这也是"垂直大倾斜小"的透视原理的体现。处理画面的原则是，不能按照实际中的尺寸来表达，而要根据透视的规律来表达（图2-3、图2-4）。

2.1.2 透视的基本术语

透视有着严密的法则，不仅仅是靠眼睛的观察，更有着科学的测量方法，依据这种严格的透视方法，能制造出视觉上的错觉，达到逼真的效果。生活中常见的自然现象都体现了透视法则：站在铁路边看平行的铁轨向远处收拢，站在路边看两旁的建筑物间距在变窄。造型在画面上的位置、大小、比例、方向的表现是建立在透视规律基础上的，应利用透视规律处理好各种形象，使画面的形体结构准确、真实、严谨、稳定。要学习透视的基本画法，必须了解关于透视的一些基本术语，具体如下（图2-5）。

站点（SP）：观察者站立的位置。

视点（EP）：观察者眼睛所在的位置。

视高：观察者视平线到地面的高度。

视平线（HL）：与观察者眼睛同高的一条线。

画面（PP）：在视点的前方且垂直于地面的一个假想的平面。

基面（GP）：基线物体放置的平面或画者站立的平面。

基线（GL）：画面与基面的交接线。

视心（CV）：视点正垂直于画面的一点。

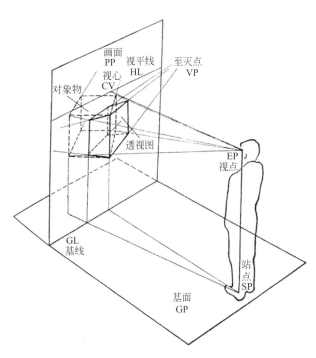

图2-5　透视的基本术语

灭点（VP）：任意一组水平线会消失到视平线上的一点。

视中线：视点到视心的连接线及延长线。

测点：绘制透视图的辅助测量点。

测线：绘制透视图的辅助测量线。

真高线：透视图中反映物体真实高度的尺寸线。

2.2 透视的分类与画法

透视是透视学对透视现象的统称。在实际运用过程中，从观察形式上大致可以分为两大类：空气透视与形体透视。

空气透视又称为色彩透视，是一种客观存在的一种空间现象。空气透视的现象会随着空间距离的加大而更加明显。它是光线穿过大气层时，由于空气中的气体、尘埃等微小颗粒的作用，使色光发生散射造成的。

形体透视又称为线的透视，研究物体由于物体外形及位置的不同，表现到画面上发生变化的透视技法。建筑物一般多为三度空间的立方体，会出现几种不同的透视情况，现分别例举说明。

2.2.1 平行透视

平行透视（一点透视），是指当物体的一组平行线平行于画面，另一组线垂直于画面并聚集消失到一个灭点上。在一点透视中，消失到点上的线称透视线，与画面平行的一组垂直线或平行线始终不相交，但由于透视作用会在距离上和尺度上逐渐变小。这种透视表现范围广、纵深感强，适合表现庄重、稳定的建筑空间。

（1）平行透视图第一种画法

以长为5宽为3进深为4的比例，画室内透视图。

主要是采用由内墙往外墙画的方式，这种画法显得较自由和活泼。先画出主墙面，再外画出四条墙角线，在画的过程应注意易出现的错误，墙角线应由灭点VP向A、B、C、D四点引直线，而不是习惯性地由A、B、C、D四点画向画面外框的四个角。最后在透视图基础上完成室内的设计效果图（图2-6）。

① 确定平面ABCD，按照实际比例确定出平面ABCD，将AB分为5等分，BC分为3等分；确定视平线，视平线按人的视高即眼睛高度1.5～1.7m来定；在视平线上任意定消失点VP，由VP点向ABCD各点连接作出墙角线；

② 确定进深，在视平线上任意定出测点H点，作AB的延长线，并以同样的尺寸四等分得出1′、2′、3′、4′各点；由M点向1′、2′、3′、4′各等分点连线，与B点至

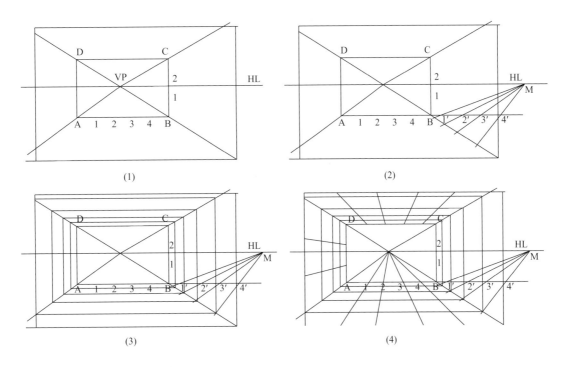

图2-6 平行透视第一种画法

VP作的墙角线的延长线交于四点，即为室内地面进深点，进深为4；

③ 过地面进深点作AB的平行线相交于墙角线，每一间距均为1，作BC、CD、DA的平行线相交于各墙角线；

④ 确定空间尺度辅助线，由ABCD上定出的实际比例的各点向灭点引出灭线，得出透视的空间尺度。

（2）平行透视图第二种画法

以长为5宽为3进深为4的比例，画室内透视图。

与第一种画法的原理相同，区别在于由外墙向内墙作图。由于限定好了外框，这种方式作图显得较为严谨（图2-7）。

① 确定外墙平面ABCD，将AB线段5等分，得出1、2、3、4各点；确定出视平线；视平线按人的视高即眼睛高度1.5～1.7m来定；

② 确定进深，在视平线上任意定出测点M点，由M点向各等分店引直线相交于A点至VP作的墙角线，各点即为室内进深点，进深为4；

③ 由室内进深点作与AB、CD平行的线相交于墙角线，作与BC、AD平行的线相交于墙角线；

④ 由定出的实际比例的各点向灭点引出灭线，得出透视的空间尺度。

图2-8为平行透视关系室内效果图。

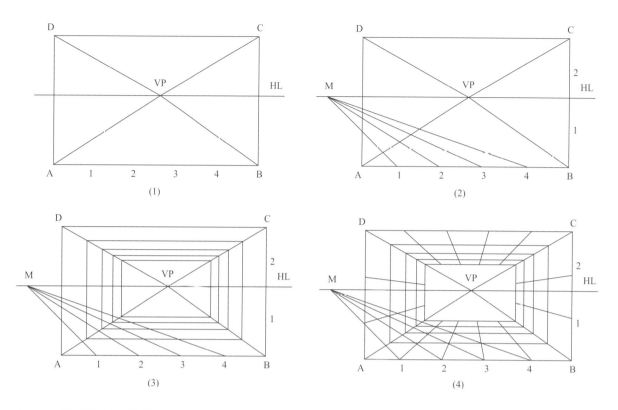

图 2-7 平行透视第二种画法

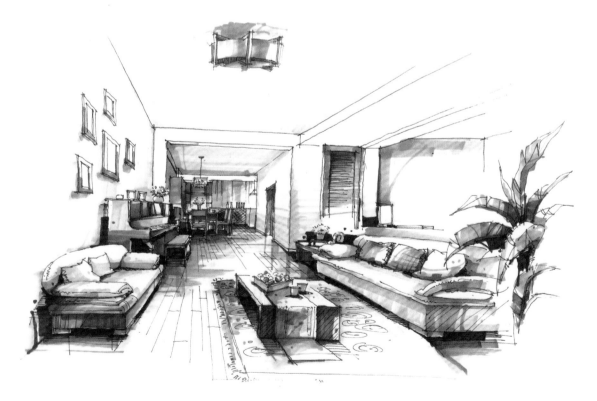

图 2-8 平行透视关系室内效果图

2.2.2 成角透视

成角透视（两点透视）是指物体有一组线垂直于地面，而其他两组线均与画面成一定角度并且每组都有一个消失点，即视平线的左右两个灭点。这种透视表现的立体感强，是一种比较实用的方法。

（1）成角透视图第一种画法（也称成角透视画法）

此种画法为两点透视，即消失的两个点在画面的左右两个方向，两点相隔距离较远，距离太近会产生强烈的变形，因此在初学表现过程中应留以足够的空间来表现。

要求画出房间高3米，进深4米，宽5米的室内透视空间（图2-9）。

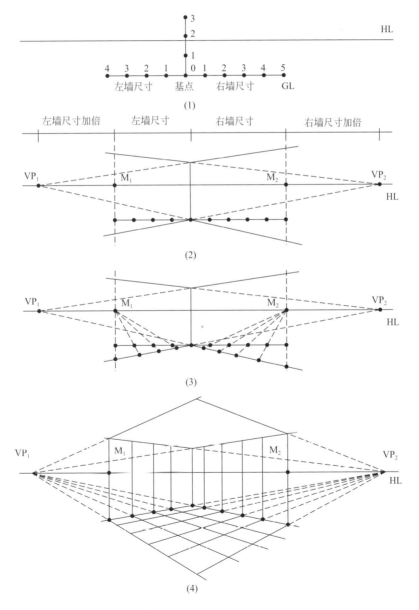

图2-9 成角透视第一种画法

① 按比例定出室内墙高3米、地面基线、左墙尺寸4米和右墙尺寸5米的参照点；

② 在视平线上定进深测点M1，M2，由房间米数作垂直线交于视平线；再从基点分别向M1、M2两个方向向外以双倍远的距离作左右两个消失点VP1，VP2；再由点VP1，VP2作出四条墙角线；

③ 由进深测点M1，M2与水平基线各点连线，延长交与左右两个墙角线，分别得出房间4米和5米的每个进深点；

④ 由点VP1，VP2向进深点作出地面的透视线。

（2）成角透视图第二种画法（也称平行斜透视画法）

此种画法虽说是成角透视，其实是在平行透视的基础上稍作调整，二点中有一个点在画面内，另一个点在画面外。

与前一种成角透视相比，能表现出比成角透视更广阔的室内空间范围，能表现出天花、地面、三个立面墙；与成角透视工整的特点相比，显得活泼轻松一些，也更为自然，在室内设计的透视图中应用也相当广泛。采用由外墙向内墙作图的方式，以实际比例画室内透视图（图2-10）。带有成角透视的效果图见图2-11。

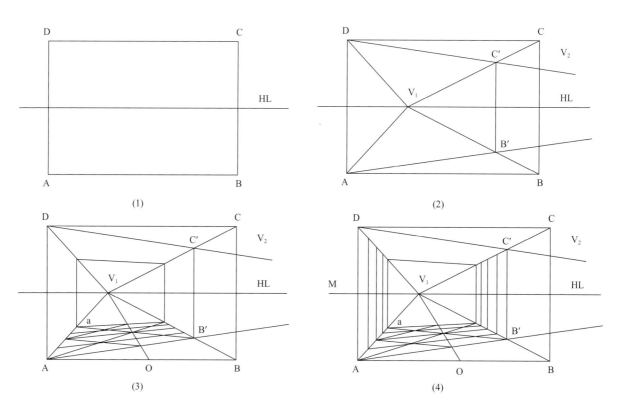

图2-10 成角透视第二种画法

图2-11　带有成角透视的效果图

2.3 透视画法的注意事项

2.3.1 视平线的确定

　　视平线是人在观看物体时与人的眼睛等高的一条水平线。视平线由视高决定。视高，是指视点（眼睛的位置）的高度。人的眼睛观察外界景物时，由于视点高低的不同可产生平视、仰视、俯视的不同效果。平视是指视平线穿过物体，与物体整体大致同等高度；俯视是指视平线在物体上方；仰视是指视平线在物体下方。视点定得低一些会产生开阔之感。表现天花板和吊顶的设计采用低的视点，表现地面采用较高视点（图2-12）。

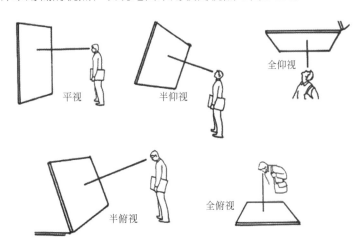

平视　　　　半仰视　　　　全仰视

半俯视　　　　全俯视

图2-12　视平线高低示意图

心点是指眼睛的位置垂直于画面的一点。心点在视平线上，当视高确定，心点也就可随之确定。人可以随意走动，以任意角度来观察物体，因此画者的心点可以任意来定。在效果图的表现中应根据画面所需表达的主体来选择适合的站点、心点和画面表现。心点可以偏左或偏右，一般情况下，心点在画面中间的三分之一部分以内，如果太偏，物体会产生强烈的变形（图2-13）。

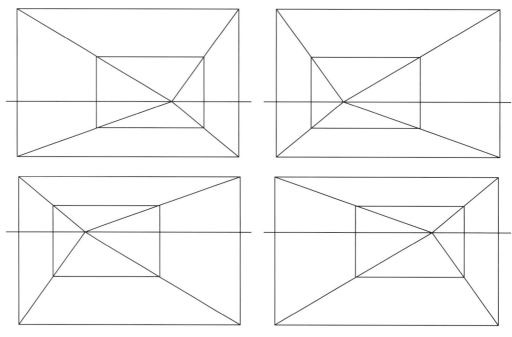

图 2-13　视平线心点示意图

心点偏左（右）的画面，由于视点在画面的左（右）部，因此利于表现右（左）部范围，整体感觉画面生动；灭点在中间的画面，给人以稳定感。

2.3.2　透视角度的确定

人的眼睛在观察外界时并非只有一种角度，由于物体所处位置不同，可以形成多个不同的灭点。在平行透视中，心点就是灭点；在成角透视中，物体消失到左右两个灭点。选择不同间距的灭点会有不同的效果。透视的角度形成视角，在舒适范围内，即60度以内，形象是接近于真实的物体，否则会有失真现象。较近的透视灭点会产生强烈的视觉变形。生活中我们在看电影的时候愿意坐在靠中间的位置，而坐在偏的位置会产生视觉变形，使人感觉不舒服；又如在观看画展时画面通常调整至倾斜状态，保持和视线基本垂直的范围。为得到更舒适的视觉效果，可采用延长灭点间距的方法来绘制，通常灭点距离是物体高度的三倍。

2.3.3 透视类型的选择

平行透视和成角透视是室内环境设计中最常用的两种方法。

（1）平行透视

平行透视所有的平行线都消失到心点上，给人集中、整齐的感觉，具有严肃、庄重、稳定之感，也适合表现整体的布局，但有时过于工整，给人呆板、生硬的感觉，缺少变化（图2-14 ~ 图2-19）。

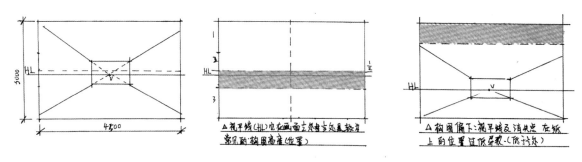

① 视高的选择直接影响到透视图的表现形式与结果。低视点使得空间呈现仰视的效果。采用中高视点视图这种方式，不仅可以表现局部设计，同时不被视角所限制，适合表现大环境和大场景。

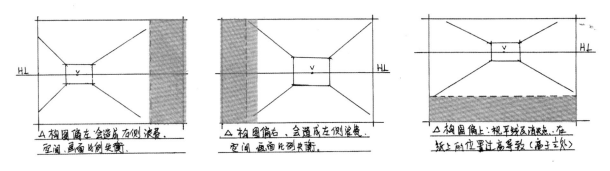

② 消失点一般定于画面偏左或右方一点，不宜定在正中间，否则画面显得呆板。

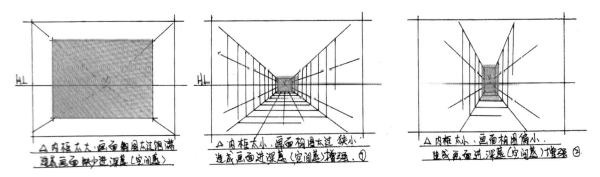

③ 一般情况下，确定好视高后，视距的大小会影响画面的大小。

图2-14　透视与构图的关系

图 2-15 平行透视线稿图

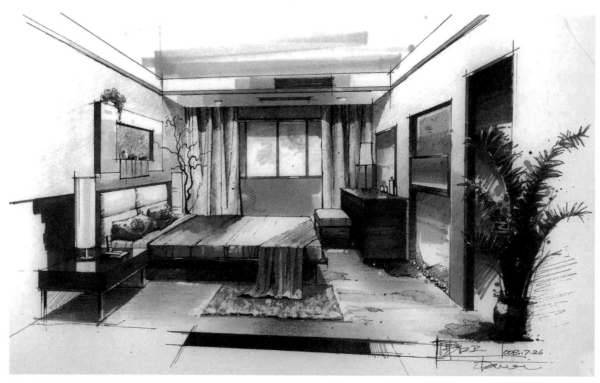

图 2-16 平行透视室内效果图

图 2-17 平行透视效果图（1）

图 2-18 平行透视效果图（2）

图2-19 平行透视效果图（3）

（2）成角透视

成角透视中，所有不与画面平行的线都消失到左右两个灭点，富有活泼、变化的特点，更为自然生动，符合生活中的观察。成角透视除了适合表现场景，也适合表现局部或一角，但有时如果处理不好，会产生强烈的变形，反而显得不真实（图2-20 ~图2-23）。

图2-20 成角透视景观效果图

图2-21 成角透视效果图（1）

图2-22 成角透视效果图（2）

图 2-23　成角透视效果图（3）

第3章
环境艺术设计效果图的钢笔速写表现

3.1 钢笔速写技法

▶ 教学微视频 ◀
钢笔表现

　　钢笔，其特点是运笔流利，力度的轻重、速度的徐疾、方向的逆顺等都在线条上反映出来，笔触变化较为灵活，甚至可以用侧锋画出更清晰的线条。不同类型和品牌的钢笔笔尖的粗细并不一样，在选购时要注意。这里所说的钢笔包括美工笔、签字笔、针管笔。

　　美工笔，实际上是将钢笔的笔尖外折弯而成，扩大了笔尖与纸的接触面，可画出更粗壮的线条，笔触的变化也更为丰富。

　　签字笔，具有笔尖圆滑而坚硬的特性，没有弹性。画出的线条流畅细匀没有粗细轻重等方面的变化。画面的装饰味很浓，而且线条没有粗细变化，画面景物的空间感主要依靠线条的疏密组织关系和线条的透视方向来表现。

　　针管笔，根据笔尖的大小可分为0.05～1.0号等多种规格，号数越小，针尖越细。针管笔多用于工程制图，故又称之为"描图笔"。用作效果图时，只能将笔管垂直于纸面行笔，没有笔触变化。同一号数的笔画出的线条无粗细变化，可把多种型号的笔结合使用。针管笔绘制的画面工艺细腻、杂而不乱（图3-1）。

　　速写是一切造型艺术基础训练中不可或缺的重要一环。它可以培养我们对事物的观察和表现能力，通过这种训练能使我们对自然环境、风土人情、地域建筑特色等有切身的体验。钢笔作画具有简单便捷、轮廓清晰、效果强烈、笔法劲挺秀美的特点。用钢笔进行速写训练，考虑笔尖的金属属性及锐度，应主要突出其坚硬、爽朗、明确、流畅的线条特征。

　　一是画面的构成。南朝的"谢赫六法"就有"经营位置"一说，指的就是构图。其含义就是如何将你的画面经营成为一个有趣味、有节奏的形式。要将一个场景中各自相关和不相关的物体或对象，通过取舍、提炼、强调，构成一组既有整体又有美感的画面。

　　二是整体的观察。从大处着眼，小处入手，把握整体，突出重点。在描绘中始终要遵循局部服从整体，具（具体）准（精准）服从生动的原则。

　　三是方法的恰当。这个方法就是指速写的技法。钢笔速写的技法无外乎是如何准确、恰当和艺术地运用点、线、面的问题。用线造型是速写的最主要的表现形式。而线的轻重缓急、强弱疏密、长短曲直、抑扬顿挫可也充分表现物像的形象和质感特征。

　　一幅好的速写，能够在不同的画面中，各自体现出应有的空间感、层次感和节奏感，以期达到速写作品应有的审美趣味。

　　线描作为独立的艺术表现形式，表达方式极为灵活，表现风格也变化多样，可以工整严谨，可以随意洒脱。物体的轮廓线和结构转折线的勾勒给人清晰明快的感觉。钢

图3-1　钢笔速写的工具

笔线条的深浅主要靠用笔粗细来表现，在勾勒中需注重线条的粗细变化，外轮廓线和主要结构线用较重的线条，体面的转折处稍次，平面上的纹理或远处次要的景物再次之，由此产生形体结构的主次变化。同时，注重形体和体面的空间关系，并用线条的遮挡来表现（图3-2 ~ 图3-6）。

图3-2　线条有粗细变化的钢笔建筑速写

图3-3　工整严谨的钢笔室内设计线稿

图3-5 线条流畅的钢笔速写

图3-4 富有美感的钢笔古建筑群速写

图3-6 有装饰意味的钢笔速写

　　西方的线描与中国传统线描有着本质区别。西方的钢笔可以说是在素描铅笔的基础上发展和演变来的，主要依靠线条的组织来表现光感质感等写实变化。线条平直工整，用力较为均匀。中国的线描是在毛笔的基础上发展而来的，如书法中有起笔、行笔、收笔的过程，讲究抑扬顿挫，有"力透纸背""入木三分"等不同说法。就线条本身而言，有着强烈的语言说服力，且有着传统书法所沉淀的深厚的文化底蕴，能表现出质感和情感。设计师应该根据对象的特点在环境设计中找到适合的表现手法，建立在形象生动地表达造型和构思的基础上，才能逐渐显示出其强劲的艺术感染力和艺术魅力（图3-7 ~ 图3-11）。

图3-7　西方钢笔风景速写

图3-8　表现光感的西方风景速写

图3-9　有中国画线描特质的钢笔速写

图3-10　有艺术感染力的乡村钢笔速写

图 3-11　钢笔建筑速写

3.2 钢笔室内表现

　　线条依靠一定的组织排列，通过长短、粗细、疏密、曲直等来表现。一般来说，线描的表现有工具和徒手两种画法。借助绘图钢笔和直尺工具画出的线条较规范，可以弥补徒手绘的不工整，但有时也不免有呆板、缺乏个性之感（图 3-12）。

　　与借助直尺等工具绘制的线条相比，手绘线条更洒脱和随意，能更好地表述创意的灵动和艺术情感，但处理不好也会让人感觉凌乱。在徒手表现中，垂直线和水平线应首先要保持平直的效果，其次是流畅，应多加练习。斜线也应由短到长地练习，掌握不同角度的倾斜线的表现以准确表现透视线的变化。曲线用以表现不同弧度大小的圆弧线和圆形等，在表现时应讲究流畅性和对称性（图 3-14 ～ 图 3-16）。

　　线条的练习方法有很多种，包括描摹、临绘、默写等，也可采用以下几种方式进行循序渐进的训练或交错训练。

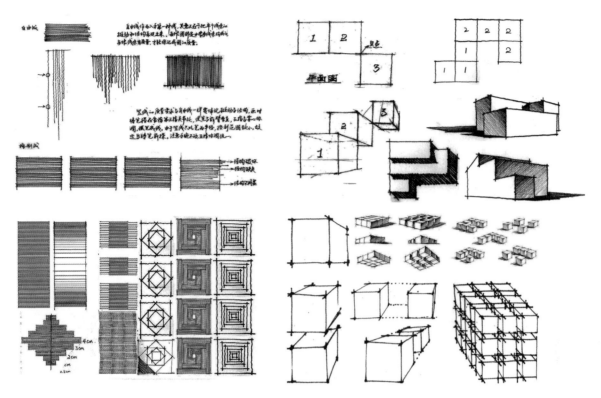

图 3-12 线条的组织排列训练

图 3-13 用绘图笔和直尺画的室内设计图

图3-14 徒手绘制钢笔室内效果图

图3-16 徒手绘制钢笔室内速写

图3-15 流畅的钢笔室内速写

描摹，也称为拷贝，描摹的对象可以是效果图作品，也可以是摄影图片。对初学者来说，采用该方法无疑是一种轻松容易上手的好方法，可以从描摹作品到描摹图片，以由易到难的方式进行，但要注重适当合理地运用，否则会使人产生依赖感和惰性。具体方法是，用较透明的纸张如硫酸纸压在画面的上面，进行严谨认真的描绘。由于不用顾及形体的比例结构和透视规律，这就能让初学者暂时忽略形的把握而去充分感受线条，感受线条的亲和力，使之在描摹后有更强的信心和兴趣。

临摹和临绘。临摹多是照着优秀的效果图表现作品来学习的方式。应明确学习的目的是注重光影的表现还是线条的组织。在临摹中要注重画面透视规律的表现，物体之间的结构关系、空间关系的表现。临绘，多指根据照片来进行描绘，能增强对画面点线面和黑白灰的概括能力。

3.3 钢笔写生表现

写生是学生对前阶段的临摹中所学的进行检验和运用，能增强其对形体结构的理解和活用。在钢笔线描的表现中，方法是多种多样的，不同的方法不是截然分开，而是相互联系、交替使用和融会贯通的。熟能生巧，只有多画多练，才能得到好的效果。线条的训练中，默写是很重要的环节，通过默写和想象的发挥，能增强对空间结构的理解，从而进入设计的状态。

运用黑白灰表现。钢笔不同于铅笔，它不易擦去、修改，因色持久且黑白分明，能制造醒目和响亮的效果。在用钢笔表现时处理好黑白灰之间的关系非常重要。黑色太多，画面会太沉闷。黑色一般用在明暗对比很强烈的主体上。白色太多，画面则显得轻而没有分量感。尤其在建筑的表现中，黑色能增加体量感。灰色太多，画面不响亮，灰色太少又显得过于简单概括。因此应注重黑白灰度的把握和黑白灰面积的分布。黑白灰还可以运用线条的粗细变化和疏密关系排列来表现。

运用点线面表现。效果图离不开质感的表现。不同的材料有不同的质感，如刚硬、柔软、粗糙、光滑等多种感觉。各种各样的材质都是通过点线面的运用来表现的。点构成线，线构成面。玻璃和不锈钢适合用挺直的线条和圆滑的曲线来表现，水纹多适合用波浪线来表现等。钢笔可用实线表现，也可用虚线表现。点经常作为独立的元素来运用，能达到特殊的效果，如表现光的退晕感或远景肌理等（图3-17～图3-19）。

效果图的画面主要由近景、中景、远景几部分组成，形成远近的空间纵深感。一般来说，应把中景作为画面的主要部分，再加入近景和远景来陪衬。为了让中景成为重点，应使其位置靠近画面的中心，即在视觉最佳点。

在建筑效果图的表现中，主要建筑常放在透视线的消失点处，成为视觉中心，成为引人注意的焦点。加强主体的线描表现，对主体进行结构和质感的深入刻画，减弱次要物体的描绘，可以达到主次有所侧重的表现。还可加强主体与环境的明暗对比，主体浅背景

图 3-17　房屋砖石和花草质感的表现

图 3-18　光影的表现

图 3-19　以线为主表现树木的质感

深，或反之，主体深背景浅，灵活处理主体物与环境，达到对比强烈的效果。近景和远景作为陪衬，可更好地烘托主体，在渲染中应分清主次，不可喧宾夺主。远景以浅灰色调来简约处理。近景由于处在前面位置，易被表现得过于醒目，可降低明度对比，或采用局部展现等手法，当然也不能过于草率，刻画得恰到好处可达到画龙点睛的效果。

　　一幅好的效果图只有一个重点，即所谓的趣味中心。远景和近景也可成为画面主体，主体部分的表现应充实而饱满，次要部分的表现应弱化简略。效果图的表现是松紧有度的，对于主体，追求造型的准确，如建筑结构、墙体结构、室内陈设等应画得严谨认真，对于陪衬的景物则不必作精细的刻画，如人物可采用剪影轮廓式的简约处理，环境植物和装饰品采用轻松洒脱的笔触来表现（图3-20～图3-24）。

图 3-20　用线灵活处理主体物与环境的关系

步骤1

步骤2

步骤3

图3-21 钢笔建筑表现写生步骤图（1）

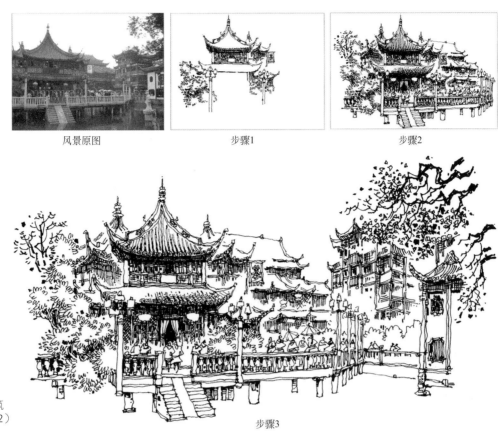

风景原图　　　　　　　　　　步骤1　　　　　　　　　　步骤2

图3-22　钢笔建筑
表现写生步骤图（2）

步骤3

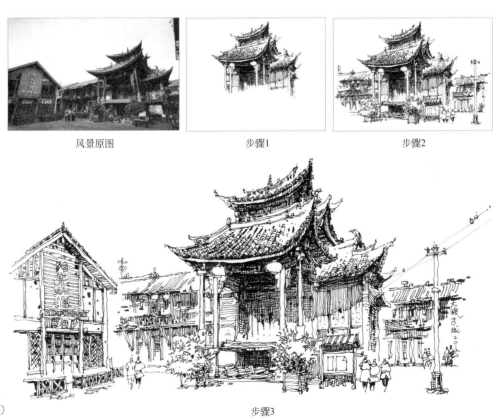

风景原图　　　　　　　　　　步骤1　　　　　　　　　　步骤2

图3-23　钢笔建筑
表现写生步骤图（3）

步骤3

风景原图　　　　　　　步骤1　　　　　　　步骤2

步骤3

图 3-24　钢笔建筑街道表现写生步骤图

第 4 章 环境艺术设计效果图的彩铅表现

4.1 彩色铅笔的表现

彩色铅笔是一种非常容易掌握的涂色工具，画出来的效果类似于铅笔。颜色多种多样，画出来效果较淡，清新简单，大多便于被橡皮擦去。彩铅是用经过专业挑选的，由具有高吸附显色性的高级微粒颜料制成，具有透明度和色彩度，在各类型纸张上使用时都能均匀着色，流畅描绘，笔芯不易从芯槽中脱落。有单支系列（129色）、12色系列、24色系列、36色系列、48色系列、72色系列、96色系列等。

对具有一定素描基础的人来说，运用彩色铅笔表现形体、空间是非常自如的，也是非常自由的。实际上，彩色铅笔表现的技法就是素描技法。彩色铅笔效果图十分典雅、朴实。由于铅笔的颜色有限，而色彩调和又是靠线条的交织，所以不宜表现十分丰富的色彩效果，但在表现形体结构、明暗关系、虚实处理以及质感表现等方面，彩铅都具有很强的表现力。

4.1.1 彩色铅笔的特性

彩铅有水溶性和非水溶性两种。由于水溶性更为便捷，大多采用可干可湿画的水溶性彩铅。在表现水彩效果时，可以先用彩铅上色后再用水笔渲染，也可直接用彩铅蘸水描绘，产生生动的效果。彩铅能表现铅笔线条感，画出细微生动的色彩变化，可以用色彩多次叠加进行深入塑造，也能表现水彩的水色效果。用彩铅表现时应注重对深浅的控制和把握，拉开色阶变化，加强色彩明度渐变的对比，笔墨不多却能表现到位（图4-1、图4-2）。

彩色铅笔表现技法可以结合水彩图使用，用水彩作底色或画出大色块关系，再用铅笔作进一步刻画；或者使用铅笔画完以后，再薄薄罩上一层水彩色。表现时，铅笔的排线很重要，线条组织的形式与表现的效果相关，如线条紧密，排列有序，画面让人感觉严谨，适于表现精巧、细腻、稳重的效果；线条随意、松散，线条方向变化明显，画面让人感觉活跃，适合表现轻松、充满生气的效果。

图4-1 水溶性彩铅

图4-2 非水溶性彩铅

4.1.2 彩色铅笔技法的基础技法

　　画线不要用涂抹的方式，以免画面发腻而匠气，应采取排线的画法，显示笔触的灵动和美感（图4-3）。修改时尽量少用橡皮擦，以免擦脏画面，最好用橡皮泥粘去要修改的部分。特别是用水彩或水粉做底色的画面，用橡皮擦会擦花底色，而且很难补救。铅笔的笔触细小，而且很容易控制，长于表现精微之处，要特别注意不要钻入局部而忽略整体效果，表现时同样要从大到小，从整体到细节，一步一步地深入下去。彩色铅笔与马克笔混合使用效果更佳。

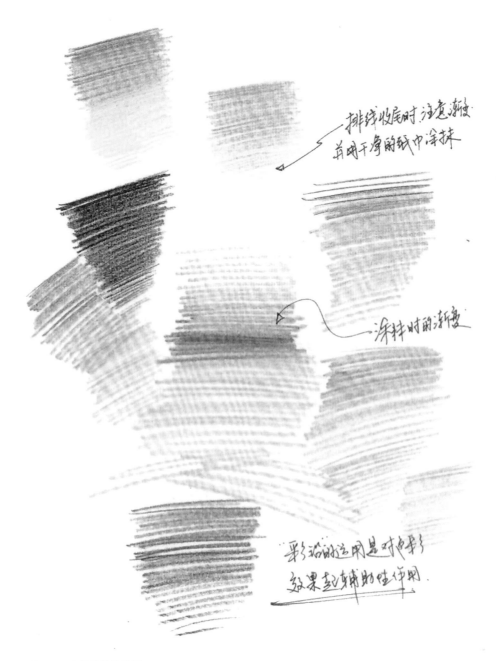

图4-3　彩铅的排线效果

4.2 彩色铅笔效果图的绘图步骤

见图 4-4 ~ 图 4-7。

图 4-4　用不同类型的线条表现质感

图 4-5　绘制形体的过渡面

图 4-6　体现明暗关系

图 4-7　笔触的虚实表现材质

4.3 彩色铅笔效果图案例

见图4-8 ~ 图4-19。

图 4-8　宾馆大厅彩铅表现

图 4-9　公共空间彩铅表现

图 4-10　卧室彩铅表现

图 4-11　建筑景观彩铅与马克笔混合表现

图 4-12　建筑景观彩铅表现

图 4-13　公共空间彩铅表现

图4-14 室内客厅设计彩铅表现

图4-15 景观建筑彩铅表现

图 4-16　景观彩铅表现

图 4-17　大厅彩铅表现

图4-18 客厅效果图彩铅表现

图4-19 卧室效果图彩铅表现

第 5 章

环境艺术设计效果图的马克笔表现

5.1 马克笔的特性

马克笔的表现技法与传统技法有较大的差异。马克笔所表现的效果体现了快节奏、生动流畅的时代特征。马克笔的色彩种类较多，通常多达上百种，且色彩的分布按照常用的频度分成几个系列，其中有的是常用的不同色阶的灰色系列，使用非常方便。它的笔尖一般有粗细多种，还可以根据笔尖的不同角度，画出粗细不同效果的线条来（图5-1）。

图5-1 马克笔的笔尖

马克笔具有作画快捷、色彩丰富、表现力强等特点，尤其受到建筑师和室内设计师的青睐。利用马克笔的各种特点，可以创造出多种风格的室内表现图来。如用马克笔在硫酸纸上作图，可以利用颜色在干燥之前有调和的余地，产生出水彩画退晕的效果；还可以利用硫酸纸半透明的效果，在纸的背面用马克笔作渲染。马克笔上色不易深入刻画，但只要处理得恰当仍能表现得很到位，仍然能够展现生动的画面效果。

马克笔上色的优势在于以下几点。

① 简单易学：马克笔的颜色相对固定，对于绘画基础薄弱的绘者而言非常有帮助。笔触的运用方式简单、易学，有章可循。

② 色彩明快：手绘效果图要面对的是甲方或老板。这些人群并非都是美术或者设计专业出身，所以色彩明快、视觉冲击力强的画面更容易被接受。

③ 携带方便：随身携带几支针管笔和马克笔，就可以很好地把设计想法传达给客户，让客户对你刮目相看，提升客户对设计方案的印象分。

5.2 马克笔的基础技法

马克笔的使用讲究"快、准、稳"。快：绘画的时候不能犹豫。落笔之前要想好，落笔之后果断抬笔。准：马克笔基本没有覆盖力。例如，先画红色再画绿色，绿色是完全不能覆盖红色的，反而使颜色混在一起，变得很脏。颜色用的准，画面才干净、明快。稳：马克笔的运笔，下手要平稳，笔触才美观。

马克笔非常注重笔触的排列，正如我们画素描或水彩水粉时用笔顺着物体的结构走向运笔一样。采用直尺可画出工整质感的线条，有起笔和收笔的停顿。常见的笔触排列有两种方式：平行重叠排列的方式和排列时留有狭长的三角形间隙的方式。要表现由粗渐变到细的感觉，可以沿着之字形的走向排列笔触。利用笔头的多种角度还可以画出不同粗细的线条。在线条排列时要大胆地留空白，给人以想象的空间（图5-2 ～图5-6）。

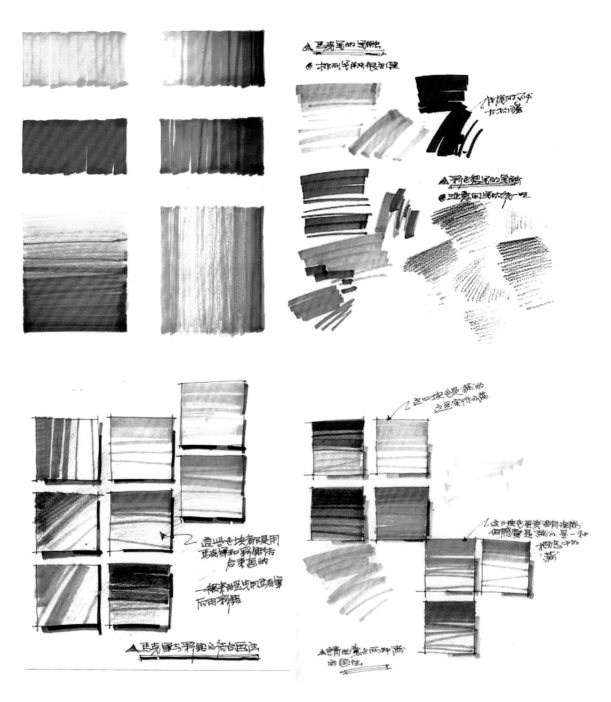

图 5-2　马克笔用笔练习

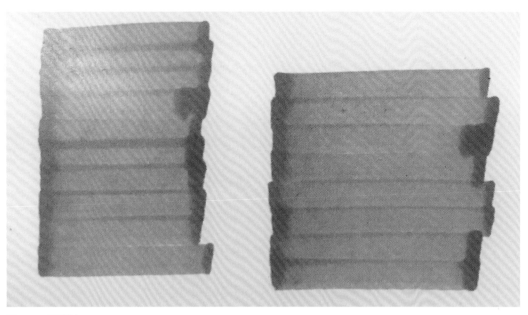

图 5–3　平移法

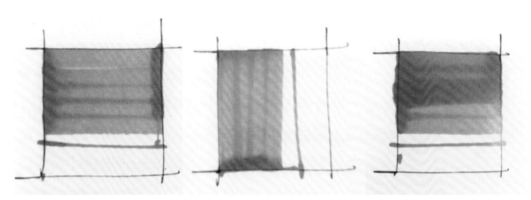

图 5–4　叠加法

图 5–5　扫笔法

图 5–6　点笔法

马克笔上色的过程还有几点需要注意。第一，勾勒：首先最好用铅笔起稿，再用钢笔把骨线勾勒出来，勾骨线的时候要放得开，不要拘谨，允许出现错误，因为马克笔可以帮你盖掉一些已出现的错误，然后再上马克笔，马克笔也是要放开，要敢画，要不然画出来很小气，没有张力。颜色，最好是临摹实际的颜色，有的可以夸张，突出主题，使画面有冲击力，吸引人。第二，重叠：颜色不要重叠太多，否则会使画面脏掉。必要的时候可以少量重叠，以达到更丰富的色彩。太艳丽的颜色不要用太多，会乱和花，要注意会收拾，把画面统一起来。马克笔没有的颜色可以用彩色铅笔补充，也可用彩铅来缓和笔触的跳跃，最后还是需要提倡强调笔触的感觉。

5.3 马克笔的单体与组合上色

马克笔单体手绘训练很重要，单体训练的目的是把马克笔的用笔特点搞清楚，画熟练（图5-7 ~图5-17）。

▶ 教学微视频 ◀
马克笔上色练习

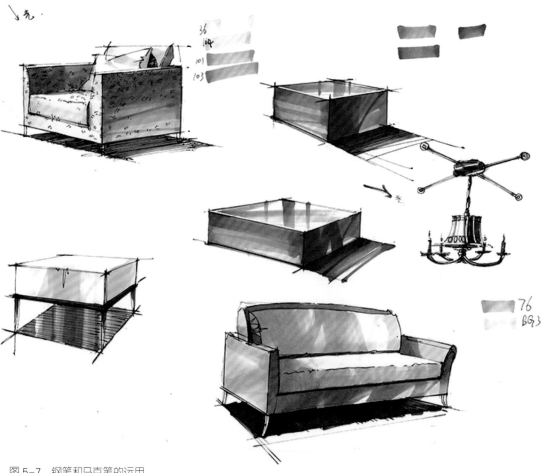

图 5-7　钢笔和马克笔的运用

图 5-8　马克笔家具单体上色

图 5-9　马克笔家具组合上色

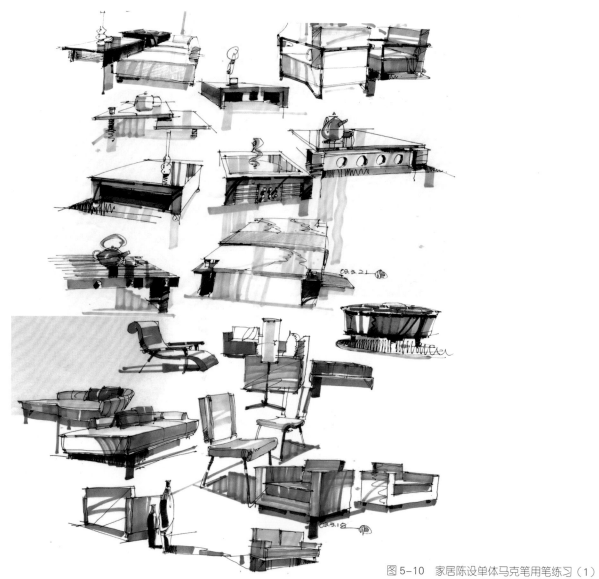

图 5-10　家居陈设单体马克笔用笔练习（1）

图 5-11　家居陈设单体马克笔用笔练习（2）

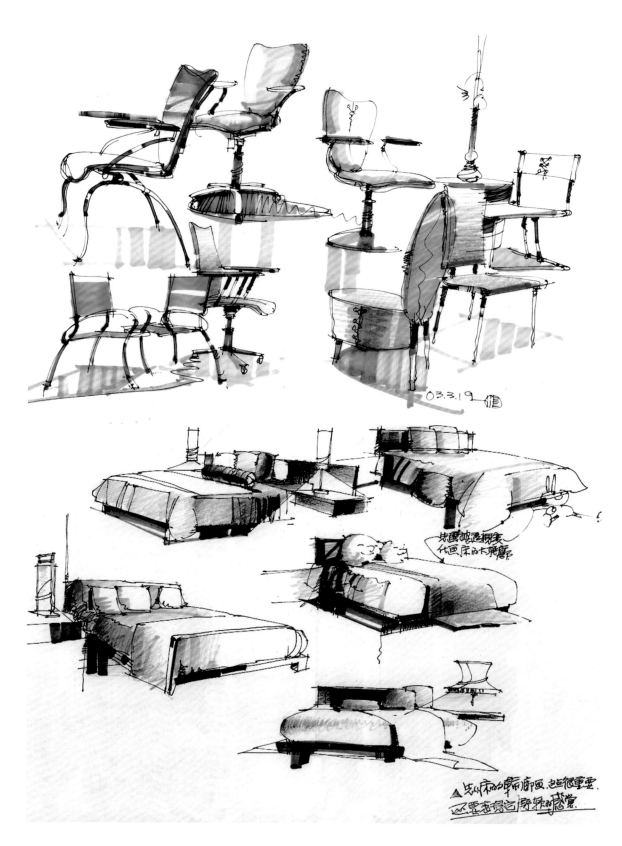

图 5-12　家居陈设单体马克笔用笔练习（3）

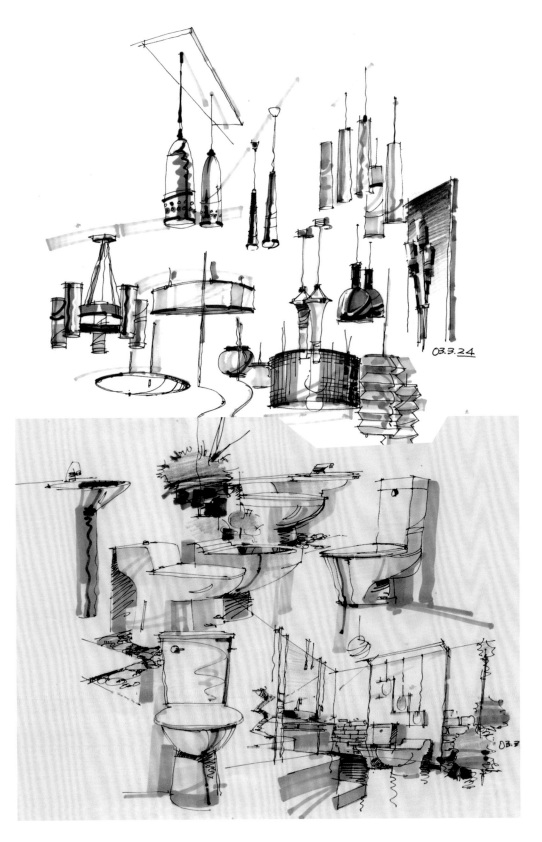

图 5-13　家居陈设单体马克笔用笔练习（4）

图 5-14　家居陈设单体马克笔用笔练习（5）

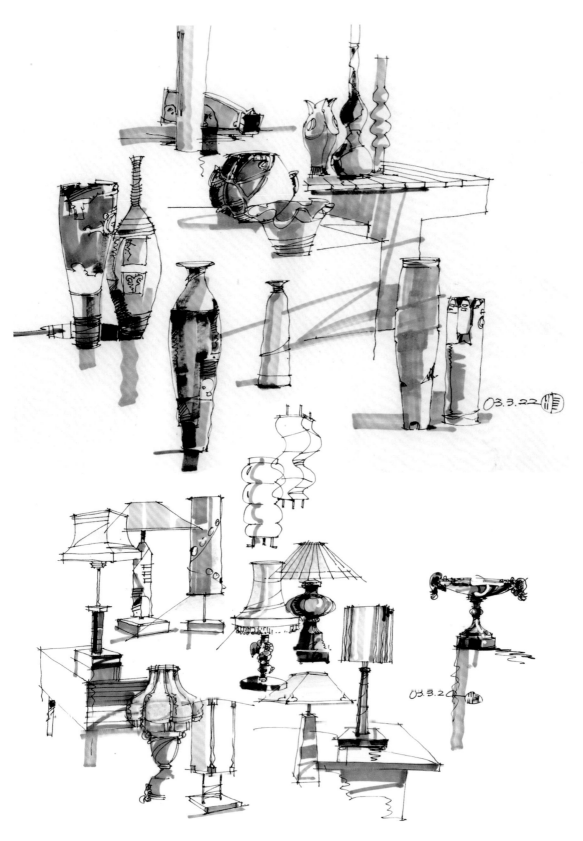

图 5-15　家居陈设单体马克笔用笔练习（6）

图 5-16 家居陈设单体马克笔用笔练习（7）

图 5-17　景观单体马克笔用笔练习

马克笔组合上色训练，是将陈设单体放在一起进行组合，需要注意先整体再局部的原则，注意颜色和质感的变化。通过训练，使画面既在色彩上达到统一，又能在局部形成色彩对比，逐步培养场景感，为后期的整体表现做准备。

5.4 马克笔的色彩表现

首先是草图起稿和构思，可以采用普通的复印纸来练习，也可以用硫酸纸来描绘。钢笔可选用不同型号的绘图针管笔。起稿时注重构思和构图，确定效果图的主要表现部分即趣味中心，用线条准确地画出空间透视、物体的尺度比例关系、各部分的面积分布等。

通常是在上色之前绘制较完整的钢笔线描稿。为达到理想的色调效果，正稿完成后，可将其复印多份，尝试不同的色稿，然后选定色彩方案。对正稿应给予充分的描绘。钢笔线描稿作为效果图的骨架，此环节往往容易被忽略，画得过于草率简略和不完整，会影响上色的进度和效果。因此应对草图进行深入的刻画，用线条进行黑白灰的疏密表现，趣味中心的主体部分笔墨多一些，次要的地方采用虚处理，线条简略。马克笔上色时，按照由远及近、由浅及深的方式来渲染。如渲染室内时，从天空的顶棚开始画，再画到前面的柱子，再画近景。

明暗关系：马克笔有各种不同深浅的渐变色，主要是色彩明度上的深浅变化，应在素描黑白灰的基础上加以表现，概括地处理亮面、暗面、明暗交界线几个层次的变化。为了掌握色彩渐变的规律，可利用几何形体来描绘练习，熟练用马克笔表现立方体、圆柱体等单色或类似色系的渐变效果。在用马克笔描绘时通常采用由浅及深的顺序来表现黑白灰效果，将亮部连同暗部一起涂满，再画灰色层次，最后画黑色层次（图5-18～图5-22）。

图5-18 体现马克笔用笔
变化的图示

图 5-19　体现马克笔用笔层次变化的图示

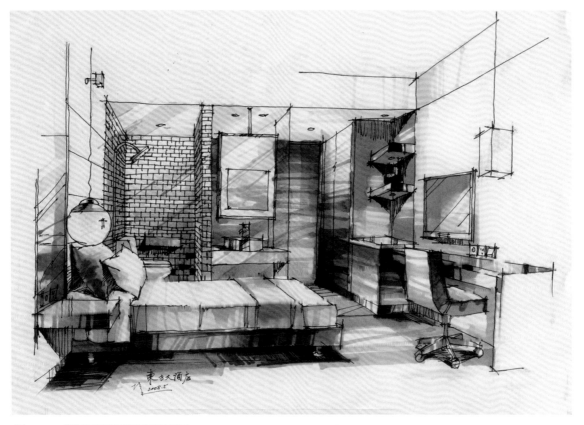

图 5-20　体现马克笔用笔渐变的图示

图 5-21　体现马克笔表现立方体转折关系的图示（1）

图 5-22　体现马克笔表现立方体转折关系的图示（2）

冷暖关系：首先，整幅效果图应有统一的基本色调，比如冷调、暖调或灰调等。在景物色彩渲染上应适当把握冷暖关系，太鲜艳的颜色会让人觉得很火气，有时可以适当用灰色来叠加。因此为了方便快捷，灰色系马克笔是较常选用的。在上色时应注重马克笔有冷灰和暖灰两种系列，选用同一色系来渲染能加强统一的色彩效果（图5-23～图5-27）。

　　虚实关系：在色彩表现中空白的运用能产生虚实对比，达到此地无声胜有声的境地（图5-28～图5-30）。

图 5-23　体现建筑与水、天色彩冷暖对比的图示

图 5-24　体现建筑、人物与水、天及树木色彩冷暖对比的图示

图 5-25　体现家具与窗和地毯色彩冷暖对比的图示

图 5-26　体现建筑与水和植物色彩冷暖对比的图示

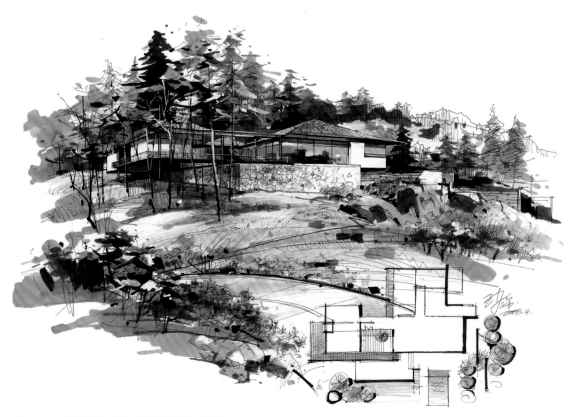

图 5-27　体现建筑与植物色彩冷暖对比的图示

图 5-28　天花板的空白的运用产生对比的图示

图 5-29　天空的空白使得建筑更加精彩的图示

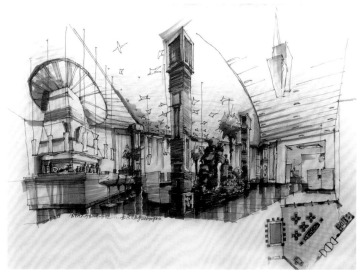

图 5-30　天花板的空白使得室内陈设对比强烈的图示

　　在线描表现图的基础上，也可以用其他材料和技法进行较深入的刻画，如彩色铅笔、水彩色等，以增加层次和立体感。

　　通常用马克笔绘制室内表现图，先用绘图笔（针管笔）勾勒好室内表现图的主要场景和配景物，然后用马克笔上色。油性的色层与墨线互相不遮掩，而且色块对比强烈，具有很强的形式感。

　　要均匀地涂出成片的色块，须快速、均匀地运笔；要画出清晰的边线，可用胶片等物作局部的遮挡；要画出色彩渐变的退晕效果，可以采用无色的马克笔作退晕处理。马克笔的色彩可以用橡皮擦、刀片刮等方法做出各种特殊的效果。马克笔也可以与其他的绘画技法共同使用。如用水彩或水粉作大面积的天空、地面和墙面，然后用马克笔刻画细部或点缀景物，以扬长避短，相得益彰。

5.5 马克笔上色的绘图步骤

马克笔上色，首先用冷灰或者暖灰将画面中的明暗调子表现出来。运笔的过程中，遍数不宜太多。马克笔不具有较强的覆盖能力，淡色无法覆盖深色。上色时等第一遍颜色干透之后再进行第二遍上色。在这之间，需要准确、快速，体现马克笔透明、干净的特点。笔触以排线为主，有规律地组织线条的方向和疏密。色彩之间相互和谐，忌使用过于鲜亮的色彩，一般以中性色调为宜。

（1）室内效果图上色步骤

具体见图5-31、图5-32。

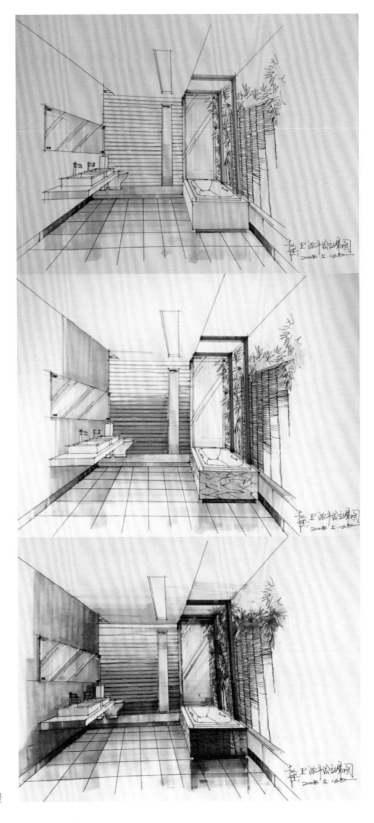

图5-31 浴室效果图上色步骤

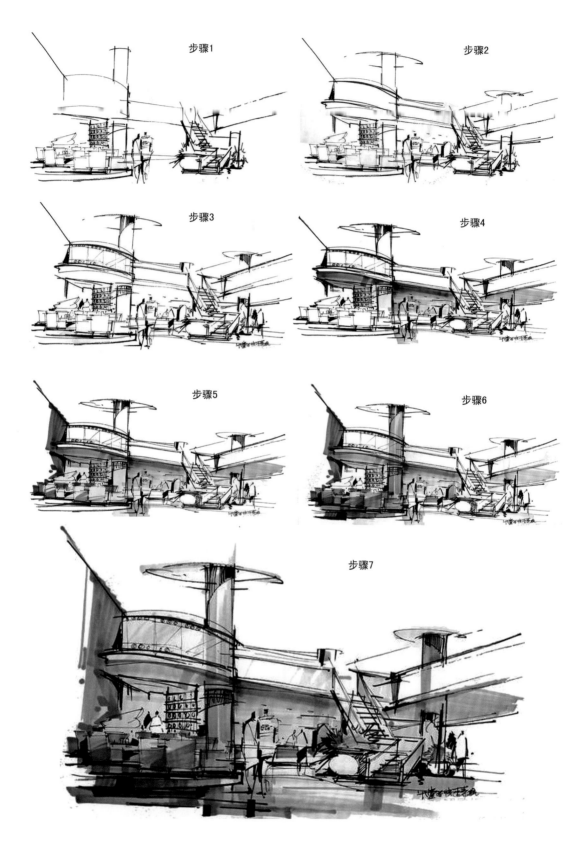

步骤1　　　　　　　　　　　　　　步骤2

步骤3　　　　　　　　　　　　　　步骤4

步骤5　　　　　　　　　　　　　　步骤6

步骤7

图 5-32　大堂效果图上色步骤

（2）景观效果图步骤

具体见图5-33。

步骤1　　步骤2

步骤3　　步骤4

步骤5　　步骤6

步骤7

图 5-33　马克笔景观设计效果图步骤

5.6 马克笔效果图案例

具体见图5-34 ~ 图5-48。

图 5-34　用马克笔表现的快速简洁的室内效果图

图 5-35　油性马克笔与墨线互不遮掩的室内效果图

图 5-36 马克笔与彩铅技法相得益彰的室内效果图

图 5-37 马克笔与退晕处理的室内
效果图

图 5-38 根据物体结构运用
马克笔的室内效果
图显得轻快自然

图 5-39 透明和干净的马克笔效果

图 5-40　马克笔有规律的组织线条的方向和疏密

图 5-41　使用了马克笔的点笔和跳笔等方法的效果图

图 5-42　使用了马克笔的晕化和留白等方法的效果图

图 5-43　建筑上部的简化使得建筑下部分更加精致的图示

图 5-44　天空的空白使得建筑更加精彩的图示

图 5-45　勾勒精致的马克笔效果图

图 5-46　勾勒精致、马克笔使用大胆的效果图

图 5-47　勾勒精致、用笔少量重叠的效果图

图 5-48　勾勒精致、用笔少量重叠的效果图

第6章
环境艺术设计效果图的水彩表现

环境手绘效果图表现技法分为水色渲染表现与综合表现两部分。二者都是在硬笔线条勾勒和塑造完稿的基础上，采用色彩渲染、拼贴或多种方法综合运用的方法，进行效果图技法表现的。"水色渲染表现"是采用水与色结合的表现，主要指以水彩为主的效果图表现技法。这种水色渲染尤其要注意整体色调的把握，形成一个既有基本统一色调又有色彩变化的画面效果。"综合表现"是指把多种表现方法综合起来，发挥共同优势，产生单种技法难以达到的融会贯通的表现效果。综合表现技法包括色底综合、材料综合和拼贴表现等。

　　通常提及的水彩渲染效果图表现，是指包括建筑及其室内外水彩渲染技法的训练，是一种难度较大的基本功练习，即靠"渲""染"等手法形成的"褪晕"效果来表现环境空间中建筑内外形态和各种物体的组合关系。

　　掌握了水彩渲染这门技法的基本功，硬笔线描渲染表现图和水粉表现图的掌握就比较容易了。

6.1 水彩渲染的表现特性

　　水彩渲染已有百余年的历史，在我国也经历了几十年的发展过程。水彩的表现风格严谨，画面工整细腻，真实感强，深受设计师喜爱。水彩渲染表现技法是适用范围很广而且经久不衰的一种表现形式，同时也是一种较为普遍的教学手段。水彩渲染技法由于其工具、材料相对普及，画法步骤比较简洁，容易掌握、控制，在现代景观建筑设计、园林规划设计、室内外装饰设计的表现效果图中随处可见（图6-1～图6-5）。

图6-1　简洁明快的水彩
室内设计效果图

图 6-2　造型严谨的水彩建筑作品

图 6-3　酣畅淋漓的水彩景观效果图

图 6-4　利用水的流动性使画面自
　　　　然洒脱的水彩画

图 6-5　水彩与彩铅混合使用使画面通透澈

一般来说，传统的水彩渲染色彩变化微妙，能很好地表现环境气氛，但也存在很大的缺点。其缺点主要有：一是色彩明度变化范围小，画面不醒目；二是由于色彩是一遍又一遍地渲染，很费时间，这与实际工作的要求有很大矛盾近年来，国外对传统水彩渲染技法进行了改进。如运用大笔触，加大色彩明度变化范围等，使画面变得更为醒目，作画时间也大大缩短，避免了上述传统水彩渲染的缺点。水彩颜色的浓淡不能像水粉渲染那样靠白色去调节，而是通过调节加水量的多少来控制，否则就失去了水彩渲染的透明感（图6-6～图6-10）。

图6-6 掌握好水分是能否画好水彩的关键

图6-7 严谨的水彩室内效果图

图 6-8　画面统一大气的水彩建筑画

图 6-9　加大水彩的明度变化才能使画面明快

图6-10 用好灰色能让画面有一种历史感

6.2 水彩渲染的基本技法

水彩颜料为专用国产或进口水彩颜料；工具为普通毛笔或平头、圆头毛笔均可。水彩渲染用笔如中国毛笔大、中、小白云皆可，水彩笔也合适，细部描绘可用衣纹笔或叶筋笔。水彩渲染的纸张为一般水彩纸，或纸张表面肌理较细、质量较结实的其他纸张也很合适。水彩渲染的着色顺序和马克笔渲染基本一致，是先浅后深，逐渐增加层次。水彩颜料调配时，混合的颜料种类不宜太多，以防画面污浊。

6.2.1 水彩渲染的技法要点

水彩颜料透明度高，可以和水墨渲染一样采用"洗"的方法进行渲染，多次重复用几种颜色叠加即可出现既有明暗变化又有色彩变化的褪晕效果（图6-11～图6-13）。

图6-11　水彩的退晕效果

图6-13　在大色调半干时勾勒细部线
条使画面显得更丰富

图6-12　水彩与马克笔混合使用，退晕效果更好掌握

水彩效果图绘画过程中的注意事项。

① 前一遍未干透时不能渲染第二遍，这是干画法；也可趁湿晕色、接色，这是湿画法。

② 透明度强的颜色可后加，如希望减弱前一遍的色彩，可用透明度弱的颜色代替透明度强的颜色，如用铬黄代替柠檬黄。

③ 多次叠加应注意严格掌握颜色的鲜明度，尽量减少叠加的遍数。

④ 大面积渲染后应立即将板竖起，加速水分流淌，以免在纸湿透出现的沟内积存颜色。

⑤ 不必要的颜料沉淀出现后，可以多次用清水渲染、清洗沉淀物，但必须在前一遍干透后才能清洗。

6.2.2　水彩渲染的方法

首先画出透视图底稿，然后拷贝到正稿水彩纸或其他纸张上。正稿的透视线描图，可以用铅笔或不易脱色的针管墨线勾画。线是水彩渲染图的骨架，画线一定要准确、均匀，然后均匀刷上很淡的底色。作底色可以使纸张的吸水性能得到均匀改善，并可以控制画面主色调渲染画面形象物的基色。针对不同特点、材质的基本色作出大色块，不作细部色彩变化的刻画，但对有大面积过渡色彩变化的物体可以有所表现。根据光照效果渲染明暗变化，根据远近关系渲染虚实效果。由浅至深，可多次渲染，直至画面层次丰富有立体感。最后，进行细部刻画，收拾和调整画面，把握整体协调的效果。

水彩颜料是透明的绘画颜料，在渲染时可以多层次重叠覆盖以取得多层次色彩组合的比较含蓄的色彩效果。渲染时，需要注意不能急于求成，必须注意采用干画或湿画时应遵

图6-14　气势磅礴的水彩建筑效果图

图6-15　描绘精致的水彩建筑

循的上色程序，避免造成不必要的劣迹，而使色彩不匀，画面感觉脏、陈旧的情况产生（图6-14～图6-20）。

图6-16　亮丽的水彩建筑效果图

图6-17　水彩多层渲染后的厚重感

图6-18　空蒙的水彩景观效果图

图 6-19 通透明澈的水彩园林景观效果图

图 6-20 明快清新的水彩建筑效果图

6.2.3 钢笔水彩渲染的步骤

　　钢笔水彩渲染技法，是一种用钢笔线条和色彩共同塑造形体的渲染技法。传统的钢笔水彩渲染又叫钢笔淡彩，画面一般画得较满，色彩较浅淡，或仅作色块平涂；现代钢笔水彩渲染常常不将画面画满，且对画面进行了剪裁，加强了表现力。用这种技法，线条只用来勾画轮廓，不表现明暗关系，色彩通常使用水彩颜料，只分大的色块进行平涂或略作明度变化。当代水彩渲染的淡彩画法，通常是在用钢笔、铅笔、炭笔、毛笔或软、硬水笔等画出景物结构线、轮廓线的基础上，渲染水彩色（图6-21～图6-25）。

图6-21　萧淡的钢笔水彩速写自然亲切

图6-22　大色块平涂稍作明度变化的钢笔水彩室内效果图

图 6-23 水彩色块之间的留白使画面给人以通透的感觉

图 6-24 大的深色块与亮丽的天空形成鲜明的对比

图6-25 水彩淡彩画法使画面柔和温馨

钢笔淡彩作画用纸，要求选用高质量的水彩纸或其他优质纸张或纸板，最好裱起来作画，以避免水彩纸着色后发生翘曲。淡彩画法是室内外环境设计效果图的重要表现手法，最适合在较短时间内记录形象、形态及光影变化的整体关系。

以干底湿接为主，也可作适量叠加，但色彩一定要稀湿、浅淡，因为纸底的线条与素描关系起着主导作用，这样的效果，不仅清秀淡雅，而且流畅而抒情（图6-26～图6-29）。

图6-26 稀湿、浅淡的水彩画法

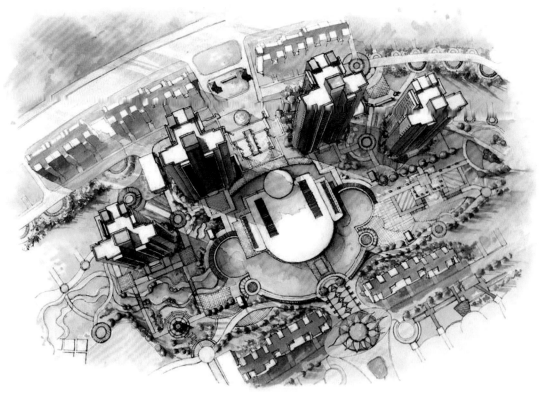

图 6-27　以素描关系为主的水彩景观效果图

图 6-28　清雅空灵的室内效果图

图 6-29 随意的水彩小品练习

钢笔水彩渲染的步骤:

① 先用铅笔勾勒透视稿。线稿勾勒尽量表现出细节,越细致越好。注意线稿阶段线条要分出粗细,光影要渲染充分,即使不上色,也应该是一幅相对完整的黑白效果图。

② 开始上淡淡的一层基调颜色,主要是把暗部与亮部区分开来,颜色不要太艳丽,现在不需要考虑过多的层次。

③ 然后在局部开始晕染,将局部的明暗关系分出层次来。本案例从局部画起,这需要对水彩有一定的掌握。

④ 全部上色完后,画面色彩基调、明暗光感等已经初步显现出效果了。此时画面看上去"软",这是因为边角细节不够硬朗。

⑤ 最后一步把边角细节都画细致,让整个画面精神起来,即加上线稿勾边就能让画面更加完整,此时基本完成了该室内水彩上色作品(图6-30)。

步骤1

步骤2

步骤3

步骤4

步骤5

图 6-30 水彩渲染步骤图

第7章

环境艺术设计
效果图的水粉表现

水粉是一种半透明或不透明的水彩颜料，是当前国内外广泛采用的建筑画的渲染工具。水粉渲染技法一般具有绘制速度快、图面效果好、容易掌握等优点。其中以现代水粉渲染最为突出。它不仅具有上述几个优点，且在表现材料的质感和环境气氛方面也有独到之处。

7.1 水粉渲染的表现特性

水粉由于本身使用的材料及工具性能不同，必然产生与其他画种相异的特点及相适应的表现技法，因此研究和发挥水粉渲染技法的性能特色，是运用时扬长避短取得理想效果的关键。性能上，水粉颜料介于水彩和油画颜料之间，颜料画厚时就像油画，画稀时则类似于水彩画。它不像水彩画那样过于迁就水的特性，可以更多地作深入表现；它又不像油画那样用色浓厚堆砌，可以灵活多变。同时，它又既难达到油画的深邃浑厚，也有逊于水彩画那样透明轻快。另外，它还有一个先天弱点，就是在颜料干湿不同状态下色彩的变化很大，色域也不够宽，在已经凝固的颜料上覆涂时，衔接困难，画得过厚，干固的颜料易龟裂脱落，且不宜长期保存。

此外，色彩运用不当，易产生粉气问题。颜料的填料中含有较多的硫酸钡，而硫酸钡是一种不透明的白色粉末，所以水粉颜料具有较强覆盖力，不透明或半透明，易产生"粉气"。用于调和的水需干净，画面用水过多或水质浑浊会使潮湿的画面色彩变浊，饱和度减弱，更易造成"粉气"。

7.2 水粉渲染的表现方法

水粉渲染的历史较短，在国外有几十年的历史，而在我国则是20世纪70年代前后才起步。水粉渲染的覆盖力强，绘画技法更方便普通绘画者掌握。水粉表现技法一般分厚画法、薄画法及褪晕法三种画法。

7.2.1 厚画法

厚画法主要指在作画过程中调色时用水较少，颜色用得较厚。其画面色泽饱和、明快，笔触强烈，形象描绘具体、深入，更富有绘画特征。覆盖时用色较厚，而且用色量较大（图7-1～图7-3）。

图 7-1 风景写生（水粉厚画法）

图 7-2 室内空间效果图（水粉厚画法）

图 7-3 室内场景（水粉厚画法）

7.2.2　薄画法

　　薄画法一般是大面积的铺色，水色淋漓，然后一层层加上去。采用薄画法时，用色及用水量都要充足，一气铺好大的画面关系。运笔作画快而果断，不然会产生很多水渍。薄画法往往适宜表现柔软的衬布、玻璃倒影、瓷瓶、花卉或水果等，这有助于表现出物体的光泽及微妙的色彩变化。选择何种手法去表现对象，一方面根据物体的种类而定，另一方面也是由个人的作画习惯及偏爱决定的（图7-4～图7-6）。

图7-4　景观效果图（水粉薄画法）

图7-5　建筑效果图（水粉薄画法）

图7-6　室内空间设计效果图（水粉薄画法）

7.2.3 褪晕法

在环境设计手绘效果图中，褪晕法是表现光照和阴影的关键。水粉和水彩渲染的主要区别在于运笔方式和覆盖方法。大面积的褪晕一般画笔不宜涂得均匀，必须用小板刷把较稠的水粉颜料迅速涂布在画纸上，来回往返地刷。面积不大的褪晕则可用水粉画扁笔一笔笔将颜色涂在纸上。在褪晕过程中，可以根据不同画笔的特点，运用多种笔同时使用，以达到良好的效果。水粉褪晕有以下几种方法。

（1）直接法或连续看色法

这种褪晕方法多用于面积不大的渲染。这种画法是直接将颜料调好，强调用笔触点，而不是任由颜色顺势流下。大面积的水粉渲染，则是用小板刷刷，往复地刷，一边刷一边加色，使之出现褪晕，必须保持纸的湿润（图7-7 ~ 图7-9）。

（2）仿照水墨水彩"洗"的渲染方法

水粉虽比水墨、水彩稠，但是只要图板坡度陡些也可使颜色缓缓顺图板倾斜淌下。因此，可以借用"洗"的方法作渲染，进行大面积的褪晕。其方法和水墨、水彩基本相同，在此不再赘述。看起来水粉渲染技法是在水彩渲染的基础上引申出来的，只是使用的颜色料稀湿程度不同罢了，而实际上正是由于颜色料的不同，水粉渲染在方法步骤和艺术效果上都形成了自身鲜明的特征。水粉颜色料的覆盖力和附着力都较强，因此，水粉渲染对纸

图7-7　板刷直接画天空，注意过渡

图 7-8　连续覆盖退晕法建筑水粉画

图 7-9　直接渲染退晕法景观效果图

张要求不是特别严格，一般水彩纸、绘图纸、纸板均可；画法步骤也不像水彩渲染那样呆板，可以先画重色后提亮色，也可以先画浅色后加重色，但一般是按从远到近的顺序进行渲染。水粉渲染过程中，许多色彩可以一次画到位，不用考虑留出亮色的位置，也不用层层罩色渲染，既省事又省时，对画面不满意还可以反复涂改。水粉颜色料的调配比水彩更方便自由，画面的色彩可以更丰富，画面显得比较厚重（图7-10～图7-12）。

图7-10　运用好水粉中水的含量自然渲染

图7-11　用洗的方法渲染

图7-12　层层罩染水粉建筑画

（3）点彩渲染法

这种方法是用小的笔点组成画面，需要花费较长时间耐心细致地用不同的水粉颜料分层次先后点成。天空、树丛、水池、草坪都可以用点彩的方法，所表现的对象色彩丰富、光感强烈（图7-13、图7-14）。

图 7-13　点彩渲染法使画面丰富多彩

图 7-14　点彩渲染法风景画

第 8 章 环境艺术设计效果图的喷绘表现

喷绘表现技法实则包括喷与绘两个方面。按照效果图作画的步骤，可以先绘后喷或先喷后绘结合进行。喷绘技法既是传统技法，也是现代设计中经常采用的色彩表现技法。喷绘表现技法的优点在于细腻的层次过渡和微妙的色彩变化，其次关键是利用模板技术。在利用喷绘表现环境艺术设计效果时，最常见的是表现光的效果，表现在光的作用下，空间和材质对光的反映。目前由于计算机喷绘技术的崛起，喷绘表现技法应用逐渐减少，作为初学者可以适当了解。

配合各类效果图技法的工具有：界尺，也称戒尺、槽尺，用界尺引导上色，能使形体边缘干净利索、画面富有弹性；电吹风，可使颜色快干，提高工作效率；调色盘，搪瓷盘是一种代替调色盘的较好的用具，一般准备2～3个，就能保证足够的调色面积。其他的辅助工具有曲线尺、水性彩色笔、圆规、美工刀、三角尺等。

8.1 喷绘渲染的表现特点

环境艺术设计效果图可以通过多种方式来表现，其中手绘效果图是设计师艺术素养和绘画基础综合能力的体现，能直观地向客户传达设计意图和情感。随着时代的发展变革，手绘表现技法已成为检验建筑师和设计师能力的重要方面。环境设计表现需要设计师具备手绘能力，一张好的效果图应是设计和艺术的综合创造表现。手绘技法的表现并非想到就能画出，寥寥几笔就能展现思维轨迹，只有通过长期的多方面的基础训练，才能将臆想中的三维空间在二维空间中表现出来。设计效果图无论是室内设计还是建筑环境设计都离不开透视，借助透视制造出空间上的视觉真实，使空间界面具备一定规范的比例和尺度，才能再现设计构想，形成强有力的语言说服力。效果图离不开光影、材质等方面的塑造，对物体结构的解析，在构图和色彩的布局上精心设计和安排，能够充分地体现设计方案的最佳视觉效果。因此，透视法则、素描基础、色彩理论是环境效果图表现必备的重要基础。

喷绘技法既是传统的技法，也是现代流行的技法。"传统"是指喷绘技法已有很长的历史，"流行"是因为喷绘表现的魅力始终不衰，并吸引人们不断对喷绘的工具、材料进行改进和创造，以顺应时代的潮流。喷绘的表现魅力就在于细腻的层次过渡和微妙的色彩变化等方面。今天喷绘工具已很先进，可供选择的喷绘专用材料（颜色料、纸张及遮挡膜等）的品种也很多，喷绘已可以绘制十分精美细腻的绘画作品。由于喷绘可以轻松地表现柔和的色彩过渡关系，自如地表现色彩的微妙变化和丰富的层次，具有很强的表现力，具有色彩细腻柔和，光线处理变化微妙，材质表现生动逼真的特点，因而在建筑及环境设计效果表现图领域的使用很广泛（图8-1～图8-5）。

图 8-1　喷绘表现的魅力就在于细腻的层次过渡和微妙的色彩变化

图 8-2　喷绘能把材质表现得生动逼真

图 8-3　色彩细腻柔和的室内设计效果图喷绘

图 8-4　喷绘作品需要有扎实的素描基本功

图 8-5　喷绘借助于透视能制造出空间上的视觉真实

8.2 喷绘渲染的表现方法

　　用喷绘的方法绘制环境设计效果图，画面细腻，变化微妙，有独特的表现力和现代感。它还具有可与其他表现手法相结合的特点，并且有分开作业、程序化强的优点。喷绘的一个重要技术就是采用遮挡的方法，制作出各种不同的边缘和褪晕效果。常用的方法为采用专门的"覆盖膜"（一种透明的粘胶薄膜，能够紧密地吸附在纸面上，而撕下时又不会损伤纸面）。通常的制作方法是预先刻出各种场景的外形轮廓（通常可用针管笔事先描绘在画幅上），按照作画的先后顺序，依次喷出各部分的形体关系及色彩变化，然后再用笔加以调整。亦可采用硬纸板、各种模板和其他遮挡材料，并利用遮挡距离的变化来形成不同的虚实效果，表达各种场景下明暗和形体的变化（图8-6 ~ 图8-10）。

图8-6　喷绘室内效果图—
　　　　样具有现代感

图8-7　喷绘时注意形体关
　　　　系和色彩变化

图 8-8　绘制出各种不同的边缘和褪晕效果

图 8-9　局部遮挡可以使喷绘作品有特殊的效果

图 8-10　喷绘遮挡法使玻璃效果逼真

第 9 章
快题设计的表现

9.1 分析题目及确立设计思想

快题设计都是有时间限制的。为此必须按照题目的深度要求，抓住题目的主要矛盾适可而止地进行解决，以达到节约时间、合理分配精力的目的。拿到题目以后，要认真研读设计课题、要求及完成的任务，不要因为时间紧迫而忽略了对于题目的研判。审题的时候不仅要认真读文字部分，也要详细研究题目的附图部分，因为很多限定条件是通过图面的方式传达的，例如周围交通环境。

快题设计要对立意、总图、平面、立面、剖面、透视六方面进行考察，其目的就是看应试者如何塑造符合题意要求的特色空间。解题过程中，应根据题目文字和图面提供的环境功能要求和各种环境的制约因素，合理选择环境空间组合方式，并通过总平面图表达清楚，例如广场设计，应根据题目中所给环境现状因地制宜，处理好广场与周围街道交通关系，尚应考虑停车和基地内外交通流线的组织，充分利用各空间形态构成要素，形成空间序列，使该广场具有高效的可达性、完善的功能性、良好的观赏效果。与此同时，还要考虑公众在广场中的参与性、娱乐性。

9.2 表达图面效果

快题设计中有效的图面表达非常重要，其重要性应该占到30%左右。原因是在如此集中短暂的时间内是无法将环境设计做到尽善尽美的，那么就要通过合理的图面表达使应试者的思路、想法尽量得以体现，同时快题设计的评阅时间一般较为仓促，所以影响评阅的最重要的就是整体图面效果。

整体的图面效果又是由专业的图面排版、合理的图面设计和良好的图面表现共同组成的。其中，专业的图面排版是应试者专业素养的基本体现，应尽量按照平面在下、立面在上、剖面在侧的原则排版。图名、比例、尺寸、文字、符号、标高等都要按照规范的要求标注，各个分图绘制时要分清各种线型的关系。合理的图面设计是对应试者专业素养的要求，即对于图面的平面、色彩构成进行设计。设计师对美的追求、对美的表现都在这里尽可能地表现出来。标题、标志的精心设计，图面整体的风格定位都要符合美学的基本原则。图面表现是对应试者制图艺术表现的考查。应试者应依据自身平时的习惯与特点选择运用自身最熟悉的表现工具及表现方式。一般来说，图纸都采用铅笔做底稿，再墨线徒手绘制，配景以勾线白描方式为主，依据时间的松紧选择对重点空间、重点面、重点配景进行上色。笔者推荐采用马克笔为主彩铅画法为辅的表现手段。用马克笔表现主体物，包括暗部（阴影）、重点配景，以突出主体，区分大的轮廓为目的。用彩铅表现次要配景，如周边草地、水面、天空等，树木可用彩铅表现后再用马克笔加一道阴影，显得更有层次和立体感。有的学生在研究生入学考试的前一二个星期，将历年试题模拟练习，限定时间自己动手画一遍，对临场发挥是有很大作用的。总之在快题的解答中，只要注意功能合理，图面干净、清楚，表达清晰、完整，应会取得不俗的成绩。若还能有一点空间趣味表现和画少量的功能、空间分析图，则一定可以获得较高的分数。

9.3 合理有效地安排时间

通常作为环境艺术设计专业研究生入学考试所设置的快题设计考试时间大都是3～8小时，但目前来说6小时依然是主流。那么在如此短暂集中的时间内，怎么通过合理的时间分配完整提交优质成果呢？无论哪种时间安排，其步骤都需强调第一步和最后一步的重要性，这两步都是考察应试者总体把握设计能力的。其中，仔细分析题目条件，理解出题者的用意，分辨问题的主次性是极为重要的，即要开一个好头。最后一步是对于应试者技术严谨性的考察，其间图纸表达严格遵循设计专业技术规范，细心检查图面，无遗漏无笔误，强化图纸的阶段完整性是极为重要的，即要收一个好尾。应试者应将作为一名设计师必备的综合能力及专业素养在这两个步骤的考察中得以充分体现。

9.4 环境设计中效果图的快题设计案例

具体见图9-1～图9-10。

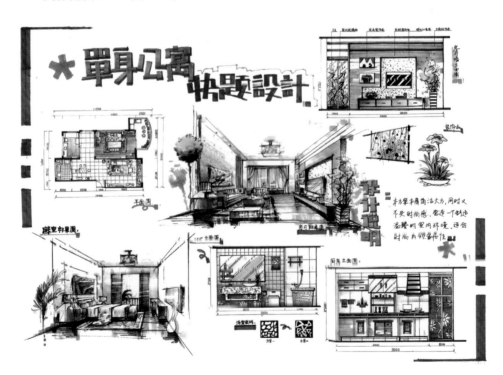

图9-1 单身公寓快题设计

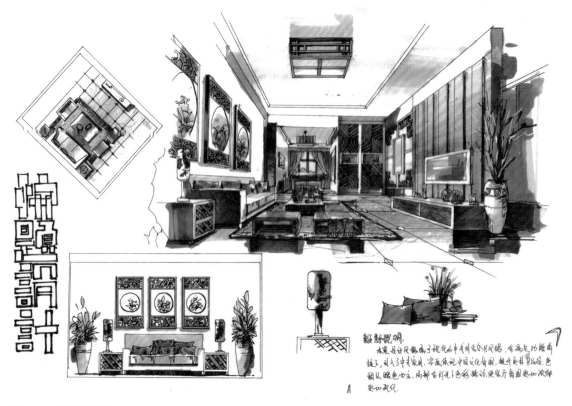

图 9-2 客厅快题设计

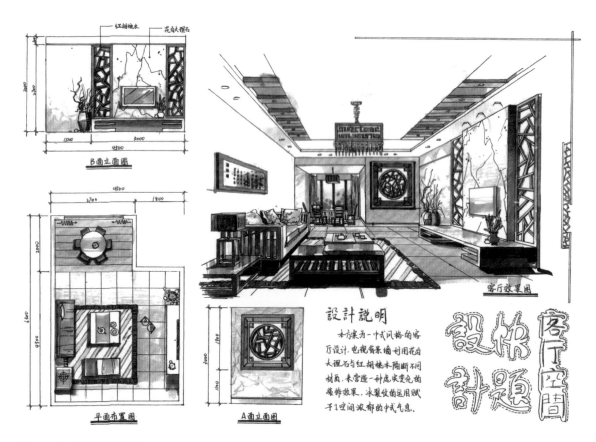

图 9-3 中式客厅快题设计

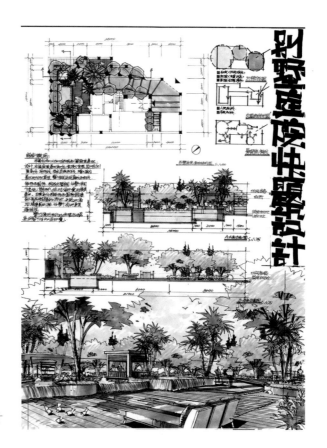

图 9-4 别墅庭院快题设计

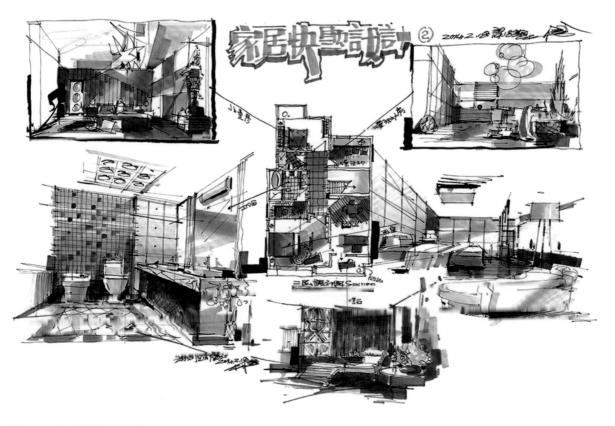

图 9-5 家居快题设计（1）

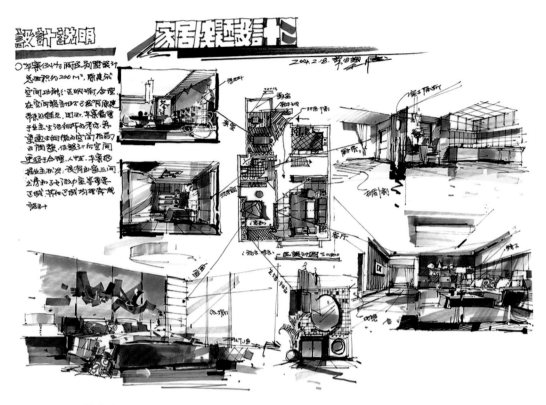

图 9-6　家居快题设计（2）

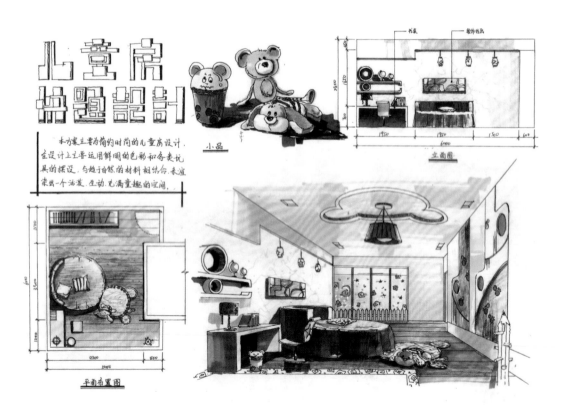

图 9-7　儿童房快题设计

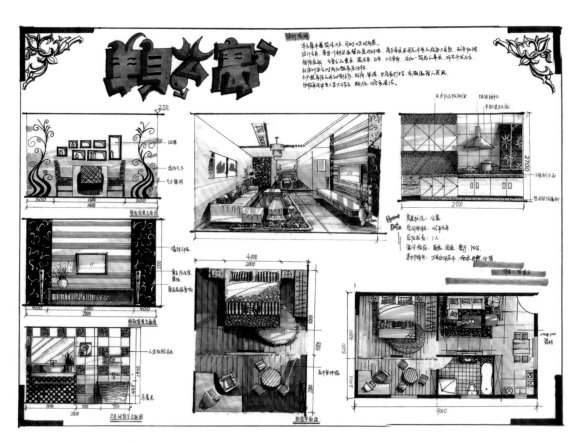

图 9-8 单身公寓快题设计

图 9-9 别墅快题设计

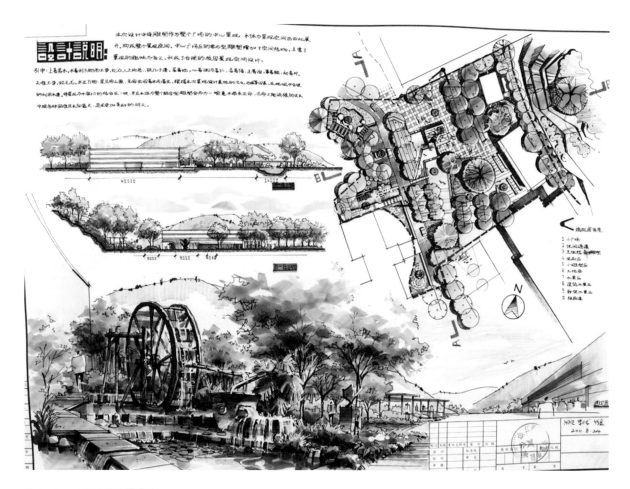

图 9-10 公园景观快题设计

第10章 优秀手绘效果图欣赏

100个设计师，就有100种手绘作品。对设计师而言，需要了解经典，学习优秀画者的手法，才能更好地设计出自己的原创作品，找到适合自己的设计风格（图10-1～图10-42）。

图10-1

图10-2

图 10-3

图 10-4

图 10-5

图 10-6

图 10-7

图 10-8

图 10-9

图 10-10

图 10-11

图 10-12

图 10-13

图 10-14

图 10-15

图 10-16

图 10-17

图 10-18

图 10-19

图 10-20

图 10-21

图 10-22

图 10-23

图 10-24

图 10-25

图 10-26

图 10-27

图 10-28

图 10-29

图 10-30

图 10-31

图 10-32

图 10-33

图 10-34

图 10-35

图 10-36

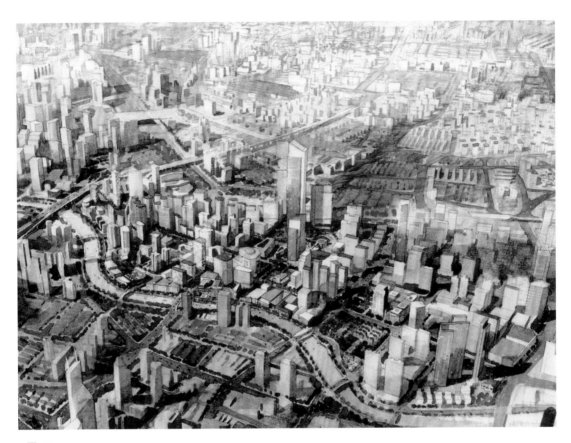

图 10-37

图 10-38

图 10-39

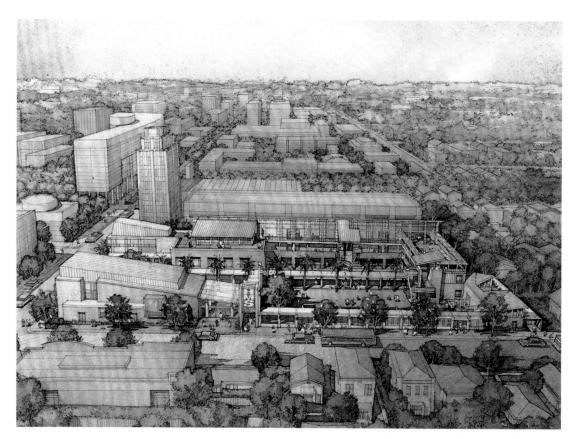

图 10-40

图 10-41

图 10-42

参考文献

[1] 陈红卫.陈红卫手绘表现技法.上海：东华大学出版社，2013.

[2] 杨健.室内空间快题设计与表现.辽宁：辽宁科学技术出版社，2011.

[3] 夏克梁.建筑钢笔画.辽宁：辽宁美术出版社.2009.

[4] 张汉平，沙沛.设计与表达——马克笔效果图表现技法.北京：中国计划出版社，2004.

[5] [美]约翰·沙克拉.设计——现代主义之后.卢杰，朱国勤，译.上海：上海人民美术出版社，1995.

[6] [美]程大锦.室内设计图解.乐民成，译.北京：中国建筑工业出版社，1992.

[7] 杨健.家居空间设计与快速表现.辽宁：辽宁科学技术出版社，2003.

[8] 柯美霞.室内设计手绘效果图表现.辽宁：辽宁美术出版社，2005.

[9] [英]比尔·里斯贝罗.西方建筑.陈健，译.南京：江苏人民出版社，2001.

[10] 符宗荣.室内设计表现图技法.北京：中国建筑工业出版社，2004.

[11] 韦自力.居室空间效果图——马克笔快速表现技法.南宁：广西美术出版社，2007.

[12] 谢尘.建筑场景快速表现.武汉：湖北美术出版社，2007.

[13] 张绮曼，郑曙旸.室内设计资料集.北京：中国建筑工业出版社，1996.

[14] 席跃良.环境艺术设计效果图表现技法.北京：清华大学出版社，2006.